Stefan Schwarzwälder

Charakterisierung und Vermessung einer Fräsmaschine

Genauigkeit und Grenzen der Werkzeugmaschinen

disserta Verlag

Schwarzwälder, Stefan: Charakterisierung und Vermessung einer Fräsmaschine: Genauigkeit und Grenzen der Werkzeugmaschinen, Hamburg, disserta Verlag, 2014

Buch-ISBN: 978-3-95425-618-1
PDF-eBook-ISBN: 978-3-95425-619-8
Druck/Herstellung: disserta Verlag, Hamburg, 2014
Covermotiv: © Uladzimir Bakunovich – Fotolia.com

Bibliografische Information der Deutschen Nationalbibliothek:
Die Deutsche Nationalbibliothek verzeichnet diese Publikation in der Deutschen Nationalbibliografie; detaillierte bibliografische Daten sind im Internet über http://dnb.d-nb.de abrufbar.

© disserta Verlag, Imprint der Diplomica Verlag GmbH
Hermannstal 119k, 22119 Hamburg
http://www.disserta-verlag.de, Hamburg 2014
Printed in Germany

INHALTSVERZEICHNIS

1 Einleitung

1.1 Motivation

Voraussetzung für eine rationell geführte Fertigung ist unter anderem genaue Kenntnis quantitativer Angaben über Genauigkeit und Grenzen der eingesetzten Werkzeugmaschinen und Fertigungsmittel. Dies gewinnt zunehmend unter dem Aspekt der zunehmenden Automatisierung und der sich dadurch ergebenden geringeren direkten Eingriffe des Menschen in den Fertigungsprozess an Bedeutung. Im Vordergrund des Interesses stehen dabei die optimale Anpassung an die Fertigungsaufgabe und die wirtschaftliche Nutzung.

Produktivitätssteigerung und Kostenreduzierung sind demnach vorrangige Ziele moderner Produktionsunternehmen. Dabei erlangen Schlagworte wie „cost-of-ownership" und „life-cycle-cost" für die Unternehmen stetig wachsende Relevanz. [TEC-01]

Die Kosten, hervorgerufene Verzögerung der Inbetriebnahme und Produktionsausfälle, Forderung nach besserer Qualität und die Verschärfung gesetzlicher Vorschriften führen zu einer Verschiebung der Akzente der Beurteilung.

Sehr häufig ist die erreichbare hohe Absolut- und Wiederholgenauigkeit bei NC-Maschinen von Interesse und ausschlaggebend für deren Einführung, respektive Anschaffung.

Sie reduzieren die für Kontrollen und Messungen erforderlichen Aufwendungen ganz erheblich, festgestellte Abweichungen lassen sich einfach korrigieren. Die Genauigkeit einer NC-Maschine wird nach verschiedenen Gesichtspunkten beurteilt. Dazu stehen mehrere DIN und VDI/DGQ-Richtlinien zur Verfügung. [MEI-94]

Voraussetzung ist zunächst die geometrische Genauigkeit, das heißt die einzelnen Achsen müssen exakt zueinander ausgerichtet sein.

Eine gute Steifigkeit des Maschinenkörpers ist Voraussetzung dafür, dass beim Verfahren der Achsen und beim Bearbeiten die Genauigkeit der Maschine erhalten bleibt.

Die Genauigkeit einer NC-Maschine wird zusätzlich beurteilt nach der erreichbaren Einfahrtoleranz, die sich aus der systemfehlerbedingten Positionsabweichung und der auf zufälligen Fehlereinflüssen beruhenden Positionsstreubreite zusammensetzt [VDI/DGQ 3441].

Für alle Maschinentypen stehen auch Beurteilungsrichtlinien zur Verfügung, die von einfachen Prüfwerkstücken ausgehen [VDI 2851]. Anhand dieser Einfachprüfwerkstücke soll die Werkzeugmaschine auf typische Fehler untersucht werden.

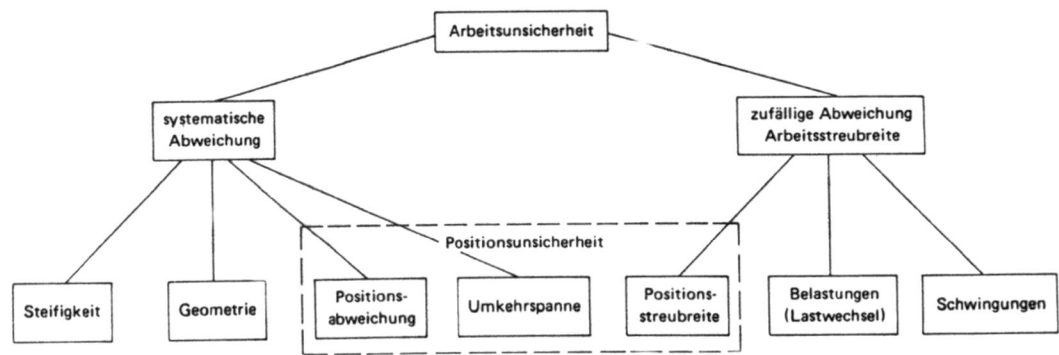

Abbildung 1 : Arbeitsunsicherheit einer Werkzeugmaschine – Einflussgrößen
Quelle : [Mei-94]

Alle rein maschinenbedingten Abweichungen, die bei der Herstellung von Teilen auf einer Werkzeugmaschine entstehen, werden definitionsgemäß unter dem Begriff der Arbeitsunsicherheit zusammengefasst. Er enthält entsprechend Abbildung 1 damit sowohl systematische als auch zufällige Fehleranteile.

Ein direktes, geschlossenes Prüfverfahren zur Ermittlung der Arbeitsunsicherheit oder der Fertigungsunsicherheit einer Werkzeugmaschine ist technisch zur Zeit nicht realisierbar. Nur verschiedene indirekte Prüfungen geben Aufschluss über die wesentlichen Einflussgrößen. Die systematischen Fehleranteile der Arbeitsunsicherheit - insbesondere die Positionsunsicherheit - werden meist durch direkte Messungen an der Maschine ermittelt.

Im Rahmen der Studie FT 2711 [MUN-99] wurde die statische Charakterisierung und Bewertung schon durchgeführt, so dass hieran anschließend nun die dynamische Charakteristik der Mikro-Fräsmaschine erfasst und beurteilt werden soll.

1.2 Zielsetzung

Es wird beabsichtigt, aus den Kennwerten zur Charakterisierung des dynamischen Verhaltens der Mikro-Fräsmaschine verschiedene Schlüsse ziehen zu können:

Das Hauptaugenmerk soll auf die Möglichkeit eines Vergleiches zwischen der am Institut für Werkzeugmaschinen und Betriebstechnik (wbk) der Universität Karlsruhe konzipierten und konstruierten Mikro-Fräsmaschine und einem Mikro-Bearbeitungszentrum der Firma Kugler gelegt werden. Darüber hinaus werden die Daten typischen Vergleichsgrößen konventioneller 3-Achs-Fräsmaschinen gegenübergestellt.

Zudem sollen Potentiale und Optimierungsstrategien in Bezug auf Antriebe und Steuerung aufgezeigt und identifiziert werden.

1.3 Aufbau der Studie

Es werden zunächst die eingesetzten Messmittel in ihren physikalischen Grundlagen beschrieben sowie die unter dem Aspekt der Versuchsdurchführung zugehörigen Spezifikationen, wie beispielsweise Genauigkeit, Fehlerquellen und Richtlinien zur Handhabung diskutiert.

Darauf aufbauend wird ein Versuchsplan erstellt, der die signifikanten Kennwerte und Kenngrößen zur Charakterisierung der Dynamik enthält.

Die Versuchsdurchführung umfasst Hinweise und Richtlinien zum konkreten Messaufbau, der Darstellung der Ergebnisse sowie deren Auswertung und Erläuterung.

Anschließend werden die Interpretation der Messergebnisse sowie ein Ausblick in Bezug auf Potentiale und Optimierungsmöglichkeiten folgen.

2 Grundlagen

2.1 Messmittel

2.1.1 Laser-Interferometer

In den späten vierziger und wieder in den frühen sechziger Jahren wurden auf der Grundlage der Quantenphysik zwei bedeutende technologische Entwicklungen möglich: Der Transistor und der Laser.

Die Erfindung des Transistors führte zur Entwicklung der Mikroelektronik, die sich mit der (quantenmechanischen) Wechselwirkung zwischen Elektronen und Materie befasst. Beim Laser geht es um die Wechselwirkung zwischen Photonen und Materie. [TIP-00]

LASER ist ein Akronym und steht für:

Light Amplification by the stimulated emission of radiation und lässt sich am treffendsten mit Lichtverstärkung durch erzwungene Aussendung von Strahlung übersetzen.

Der Laser wirkt als Oszillator und Verstärker für monochromatisches Licht, Infrarot und Ultraviolett, dabei erzeugt er kohärentes Licht. In diesen Funktionen ist er durchgehend einsetzbar in dem Wellenlängenbereich zwischen etwa 0,1 μm und 3 mm, das heißt rund 15 Oktaven des elektromagnetischen Spektrums. Zum Vergleich sei erwähnt, dass das sichtbare Licht nur die Oktave von circa 0,37 bis 0,75 μm Wellenlänge umfasst. [SCH-89][

2.1.1.1 Eigenschaften des Laserlichtes

Um die große Bedeutung des Lasers zu erkennen, werden nun im folgenden einige Charakteristika des Laserlichts betrachtet. Hierbei wird der Vergleich eines Lasers mit dem durch eine Wolframfadenlampe emittierten (kontinuierliches Spektrum) oder einem durch eine Neonentladungsröhre (Linienspektrum) ausgestrahlten Lichtes angestellt: [HAL-94]

i) Laserlicht ist nahezu monochromatisch: Wolframlicht, das ein kontinuierliches Spektrum überstreicht, bietet für einen Vergleich keine Basis. Das Licht ausgewählter

Linien einer Gasentladungsröhre dagegen kann Wellenlängen im sichtbaren Bereich haben, die auf ungefähr $1 : 10^6$ genau definiert sind. Die Definitionsschärfe von Laserlicht kann leicht tausendmal größer sein, das heißt $1: 10^9$.

ii) Laserlicht ist nahezu kohärent. Die Kohärenzlänge von Laserlicht kann mehrere hundert Kilometer betragen. Zwei Strahlen, die unterschiedliche Wegstrecken dieses Betrages zurückgelegt haben, können noch zur Interferenz gebracht werden. Die Kohärenzlänge für Licht von einer Wolframfadenlampe oder einer Gasentladungsröhre ist dagegen wesentlich kürzer als 1 m.

iii) Laserstrahlen sind nahezu parallel. Laserstrahlen sind nur wegen der Beugungseffekte, die durch die Wellenlänge und den Durchmesser der Austrittsblende bestimmt sind, nicht streng parallel. Licht anderer Lichtquellen kann durch eine Linse oder einen Spiegel zwar annähernd parallel gemacht werden, doch divergiert es wesentlich stärker als Laserlicht. Jeder Punkt einer Wolframfadenlampe zum Beispiel erzeugt einen separaten eigenen Strahl; die Winkeldivergenz des Gesamtstrahls ist nicht durch Beugung, sondern durch die räumliche Ausdehnung des Fadens gegeben.

iv) Laserlicht kann scharf fokussiert werden. Diese Eigenschaft hängt mit der Parallelität des Laserstrahls zusammen. So wie beim Licht der Sterne wird die Größe des fokussierten Strahlenquerschnitts nur durch Beugungseffekte und nicht durch die Ausdehnung der Lichtquelle begrenzt. Flussdichten von ungefähr 10^{15} W/cm² werden mit gebündeltem Laserlicht leicht erreicht. Im Vergleich dazu hat eine Acetylen/Sauerstoff- Flamme eine Flussdichte von nur etwa 10^3 W/cm².

2.1.1.2 Vorteile des Lasers

Ein erheblicher Vorteil moderner Lasertechnik ist die immense Bandbreite bezüglich des Einsatzgebietes. Die vielseitigen Anwendungen reichen von Justierarbeiten (Labor, Bauindustrie), Messtechnik, Holographie, Interferometrie und optische Inspektion über Strichcodeleser, etc. bis zu Anwendungen in Biologie und Medizin. [TIP-00]

2.1.1.3 Physikalische Grundlagen des Lasers

Laserbedingungen

Zur Realisierung eines Lasers muss erstens eine große Anzahl von Elektronen in einem höheren Niveau bereitgestellt werden, und es muss ferner ein tiefer liegendes Niveau genügend wenig besetzt sein, um nach dem induzierten Übergang diese Elektronen aufzunehmen (1. Laser-Bedingung). Zweitens muss für ausreichend stimulierendes Licht gesorgt sein (2. Laser-Bedingung).

Emissionsarten

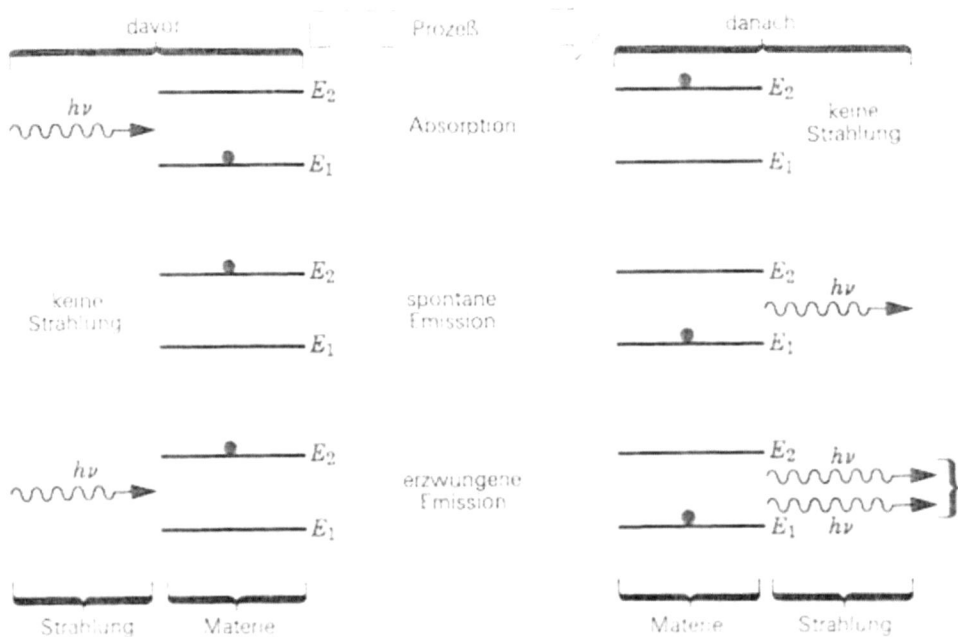

Abbildung 2 : Wechselwirkung von Materie und Strahlung

Quelle : [HAL-94]

i.) Absorption

Abbildung 2 veranschaulicht ein atomares System, das sich in dem niedrigeren von zwei möglichen Energiezuständen E_1 und E_2 befindet. Ein Photon aus einem Strahlungsfeld mit kontinuierlichem Spektrum trete mit diesem Atom in Wechselwirkung, wobei die Photonenfrequenz so sei, dass

$$h * \nu = E_2 - E_1 .$$
Gleichung 1

14

Als Ergebnis verschwindet das Photon, und das Atom geht in den höheren Energie-zustand über. Dieser Prozess heißt Absorption.

ii.) Spontane Emission

In Abbildung 2 befindet sich das atomare System im höheren Energiezustand, und in der Umgebung ist keine Strahlung. Nach einer mittleren Zeitdauer, geht dieses (isolierte) atomare System von allein in den Zustand niedrigerer Energie über, wobei ein Photon der Energie $h * \nu$ emittiert wird. Dieser Vorgang wird spontane Emission genannt, sie erfolgt ohne äußere Einwirkung.

Gewöhnlich ist die mittlere Lebensdauer τ für die spontane Emission von angeregten Atomen circa 10^{-8} s, doch gibt es einige Zustände, für die sie wesentlich länger ist, nämlich ungefähr 10^{-3} s. Diese metastabilen Zustände spielen eine große Rolle für den Lasereffekt.

Spontan ist der Vorgang also, weil man zwar für einen bestimmten Übergang eine mittlere Verweildauer des Elektrons im höheren Niveau angeben kann, deren Grö-ßenordnung meist um 10^{-8} s liegt. Wann das individuelle Elektron herunterfällt, kann man aber nicht genau festlegen; dies erfolgt spontan und unabhängig von anderen Elektronen und durch keinen äußeren Einfluss veranlasst.

Das Licht (isotrope Strahlung) eines glühenden Lampendrahtes wird durch spontane Emission erzeugt. Die so entstehenden Photonen sind vollkommen unabhängig voneinander. Sie haben vor allem unterschiedliche Richtungen und Phasen. Anders gesagt, das Licht dieser Photonen hat einen geringen Grad von Kohärenz.

iii.) Erzwungene Emission

In Abbildung 2 ist das atomare System wieder in seinem höheren Energiezustand und gleichzeitig wirkt Strahlung mit einer gegebenen Frequenz.

Wie bei der Absorption tritt ein Photon der Energie $h * \nu$ mit dem Atom in Wechsel-wirkung, mit dem Ergebnis, dass das System in den energetisch niedrigen Zustand übergeht und es jetzt zwei Photonen gibt.

Das emittierte Photon in Abbildung 2 ist vollkommen identisch mit dem "stimulieren-
den" Photon. Sie haben gleiche Energie, Richtung, Phase und Polarisation. Das ist
die Ursache für die oben angeführten Eigenschaften des Laserlichts.

Der Prozess in Abbildung 2 heißt erzwungene Emission oder induzierte Emission.
Durch einen einzigen solchen Prozess kann eine ganze Kettenreaktion gleichartiger
Prozesse ausgelöst werden; das ist der Effekt der "Verstärkung" (= amplification).

Boltzmann-Verteilung und Inversion der Besetzungszahlen

Abbildung 3 bezieht sich auf die Wechselwirkung von Strahlung mit einem einzelnen
Atom. In Wirklichkeit handelt es sich aber stets um eine Vielzahl von Atomen. Es
stellt sich ergo die Frage, wie viele dieser Atome werden sich nun im Energiezustand
E_1 und wie viel in E_2 befinden, wenn man es mit einem Zweiniveau-System wie in
Abbildung 3 zu tun hat.

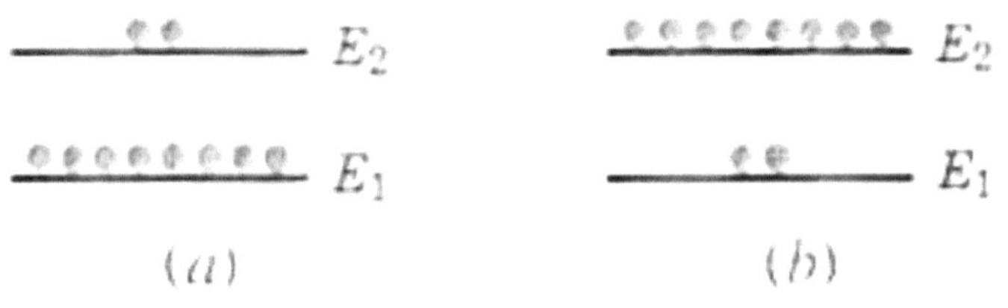

Abbildung 3 : Normale Besetzung eines atomaren Niveaus (a) und Besetzungsinversion (b)
Quelle : [Hal-94]

Ludwig Boltzmann zeigte, dass die Anzahl $n(x)$ der Atome in einem beliebigen
Zustand der Energie $E(x)$ im thermischen Gleichgewicht gegeben ist durch

$$n(x) = C * e^{-E(x)/kT}$$

Gleichung 2

worin C eine Konstante ist. Die Größe kT ist die mittlere Energie für die Anregung
eines Atoms bei der Temperatur T, und man sieht, dass bei ansteigenden Tempera-
turen immer mehr Atome - im langzeitigen Mittelwert - durch thermische Anregung
auf das Niveau $E(x)$ "hochgepumpt" werden. Wendet man Gleichung 2 auf die zwei
Niveaus des Bild an und dividiert diese, so fällt die Konstante C heraus, und man
erhält einen Ausdruck für das Verhältnis der Anzahl der Atome, die sich im höheren

Energiezustand befinden, zu der Anzahl der im niedrigen Zustand befindlichen: [TIP-00]

$$n_2 / n_1 = e^{-(E_2 - E_1) / kT}$$ **Gleichung 3**

Abbildung 3 illustriert diese Situation. Wegen $E_2 > E_1$ ist das Verhältnis n_2 / n_1 immer kleiner als Eins. Das bedeutet, dass immer weniger Atome im höheren Energiezustand als im niedrigeren sind. Dies entspricht den Erwartungen, wenn die Niveaubesetzung der Atome allein durch thermische Anregung zustande kommt. Setzt man ein System wie in Abbildung 3 einer Strahlung aus, so wird der vorherrschende Prozess - allein wegen der Besetzungszahlen - die Absorption sein. Wäre jedoch die Niveaubesetzung umgekehrt, wie in Bild, so würde unter Bestrahlung hauptsächlich erzwungene Emission stattfinden und damit die Erzeugung von Laserlicht. Eine Besetzungsinversion gleich der in Abbildung 3 entspricht aber einem Zustand des Ungleichgewichts, und es bedarf geschickter Tricks, um ihn herbeizuführen. [BER-95]

2.1.1.4   Helium – Neon – Laser

Der im Renishaw-Laser-Interferometer verwendete Helium-Neon-Laser ist ein Gaslaser. Bei dieser Laserkategorie liegt das aktive Medium in gas- oder dampfförmiger Phase vor. Die meisten Gase, insbesondere Edelgase, eignen sich als Lasermedium. Jedes von ihnen liefert mehrere Laserübergänge. So sind beispielsweise von Neon über 180 Laserlinien bekannt. Die Emissionsbereiche erstrecken sich vom Ultravioletten bis in den Submillimeterwellenbereich.

Die Anregung des aktiven Mediums in einem Gaslaser geschieht gewöhnlich durch eine elektrische Entladung. Es gibt allerdings auch Gaslaser, bei denen die Anregung durch optisches Pumpen mit einem anderen Laser, durch eine gasdynamische Expansion oder durch chemisches Pumpen erfolgt. In einer elektrischen Gasentladung werden freie Elektronen und Ionen produziert. Diese Ladungsträger gewinnen durch die Beschleunigung im elektrischen Feld der Gasentladung kinetische Energie. Dabei ist die Bewegung der Ionen im allgemeinen unwichtig, da nur die freien Elektronen zur Anregung der Gasatome, -ionen oder -moleküle beitragen. Kontinuierliche Gaslaser werden normalerweise mit einer Niederdruckentladung betrieben, weil bei höherem Druck keine kontinuierliche Entladung aufrechterhalten werden kann. In einer Niederdruckentladung stellt sich eine Maxwell-Boltzmann-Geschwindigkeitsverteilung für die Elektronen mit einer entsprechenden Elektronentemperatur T_e ein. [KNE-89]

Energieniveauschema und Laserprinzip

Der Helium-Neon-Laser ist der typische Vertreter der Neutralatom-Gaslaser. Er war der erste kontinuierliche Laser wie auch der erste Gaslaser der Geschichte mit der IR Emissions-Wellenlänge von $\lambda=1,15$ µm. Heute gehört der Helium-Neon-Laser, vor allem auch dank der sichtbaren Emissionslinie bei 632,8 nm, zu einem weit verbreiteten Laser. Die Lasertätigkeit des Helium-Neon-Systems kann anhand des folgenden Energieniveauschemas (Abbildung 4) erklärt werden.

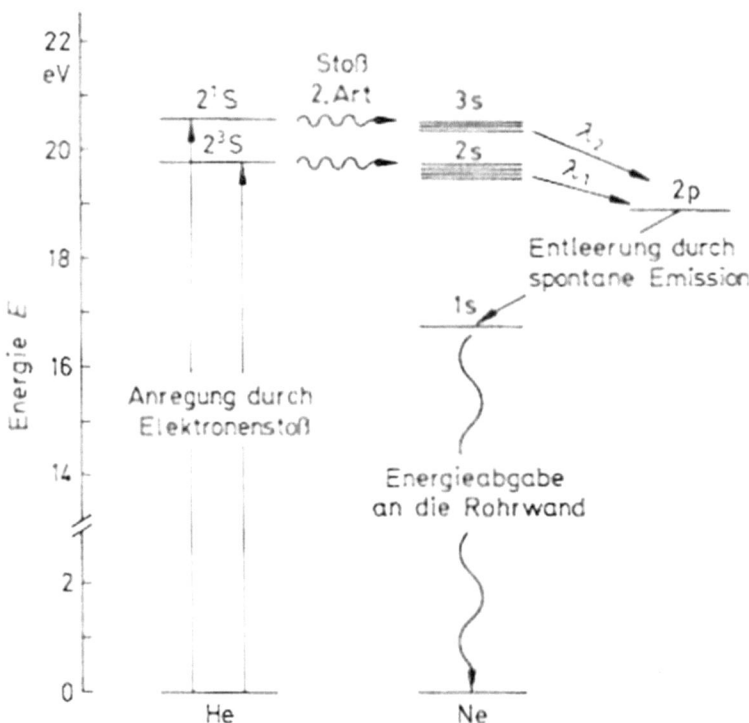

Abbildung 4 : Termschema eines Helium-Neon-Lasers
Quelle : [BER-95]

18

Ablauf und Übergänge

Abbildung 4 zeigt die Energieniveaus von Helium und Neon, die für die Laserprozesse relevant sind. Lasertätigkeit geschieht zwischen Energieniveaus von Neon, während Helium nur zur Unterstützung des Pumpprozesses beigemischt wird. In einem Gasgemisch, welches typisch 1 mbar Helium und 0,1 mbar Neon enthält, wird eine Entladung gezündet. Die energiereichen Entladungselektronen regen die Helium Atome in verschiedene angeregte Zustände an. In der Zerfallskaskade sammeln sich die Helium-Atome in den metastabilen Zuständen 2^3S und 2^1S mit Lebensdauern von 10^{-4} Sekunden und $5*10^{-6}$ Sekunden. Da diese langlebigen 2^3S und 2^1S Zustände von Helium beinahe mit den 2s und 3s Zuständen von Neon koinzidieren, können Neon-Atome in diese angeregten Zustände durch Stöße zweiter Art angeregt werden.

Die Energiedifferenz ΔE, zum Beispiel $\Delta E = 400$ cm^{-1} im Falle des 2s Niveaus, wird dabei in kinetische Energie der Atome nach dem Stoß umgewandelt. Diese resonante Energieübertragung von Helium auf Neon ist der Hauptpumpmechanismus im Helium-Neon-System, obwohl auch direkte Elektron-Neon Stöße zum Pumpen beitragen. [HAL-94]

Die in der Entladung gewonnene kinetische Energie der Elektronen kann durch inelastische Stöße auf andere Gasteilchen übertragen werden und so diese in höhere Niveaus anregen. Man unterscheidet zwei Arten der Gasanregung durch Elektronenstöße, nämlich Stöße erster und zweiter Art.

Wenn sich das Atom einmal in einem angeregten Zustand befindet, so kann es durch verschiedene Prozesse zu tieferen Energiezuständen (inklusive Grundzustand) zerfallen: [SCH-89]

i) Stoß mit einem Elektron, bei dem das Atom seine Anregungsenergie dem Elektron übergibt (Stoß zweiter Art),

ii) Stoß mit andern Atomen,

iii) Stoß mit der Rohrwand,

iv) spontane Emission,

v) stimulierte Emission.

Gemäß obigen Ausführungen können in den 2s und 3s Niveaus von Neon Besetzungen aufgebaut werden. In Frage kommen jedoch nur Übergänge zu p-Zuständen aufgrund von Auswahlregeln für elektrische Dipolübergänge. Hinzu kommt, dass die Lebensdauer der p- Zustände (τ_p ~ 10 ns) um eine Größenordnung kleiner ist als die der s-Zustände (τ_s ~ 100 ns).

Technischer Aufbau

Der Aufbau ist in Abbildung 5 dargestellt. In einem dünnen Glasrohr findet ähnlich wie in einer Leuchtstofflampe eine Gasentladung statt, welche durch eine elektrische Anregungsleistung über die Kathode und Anode gespeist wird. Das Rohr ist mit dem Gemisch aus Helium und Neon unter einem Totaldruck von etwa 1 mbar gefüllt. Die Heliumatome werden durch Elektronenstoß in einen angeregten Zustand versetzt. Bei diesem Zusammenstoß von angeregten Helium-Atomen mit Neon-Atomen werden die Neon-Atome in den angeregten Zustand versetzt. Durch induzierte Emission der Neon-Atome wird der Lichtstrahl verstärkt. Die Lichtstrahlen, welche auf das Brewster-Fenster treffen, werden dadurch polarisiert. Anschließend treffen die polarisierten Strahlen auf den leicht konkaven Hohlspiegel, dieser lenkt die Strahlen in das laseraktive Material zurück. Dort wird der Strahl durch die induzierte Emission weiter verstärkt. Dieser Vorgang wiederholt sich mehrmals, dabei wird der Lichtstrahl immer weiter gebündelt und verstärkt. Der Laserstrahl hat aufgrund der konstruktionsbedingten λ-Werte und dem Brewster-Fenster nur eine kleine Bandbreite von ν. Das Austreten des Lasers aus dem System erfolgt durch einen der beiden Spiegel, welcher teildurchlässig ist.

Der Energieverlust ist aufgrund der mehrmaligen Energieübertragung, der begrenzten Übertragungsrate der Energie durch die Stöße und der Nutzung von nur einer kleinen Bandbreite des Lichtes sehr hoch. Daraus resultiert der geringe Wirkungsgrad von nur circa 10^{-3}.

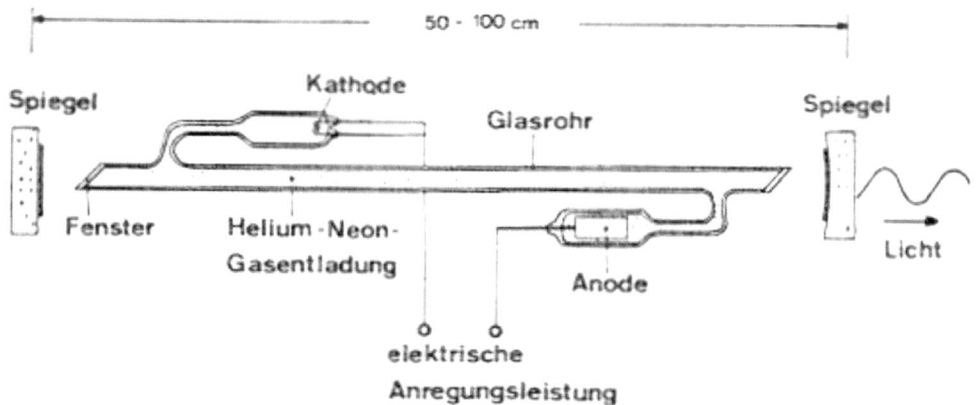

Abbildung 5 : Technische Bauweise eines Helium-Neon-Lasers

Quelle : [HEI-90]

2.1.1.5   Interferometrie

Interferometrische Messsysteme und –geräte sind im Prinzip inkrementale Messsysteme, die als Vergleichsnormal die Wellenlänge von monochromatischem Licht benutzen. Solche Anordnungen zeichnen sich durch eine hohe Genauigkeit und ein sehr gutes Auflösungsvermögen aus.

Sie werden daher in interferometrischen Messverfahren zur Vermessung von Werkzeugmaschinen eingesetzt.

Michelson-Interferometer

Das Michelson-Interferometer ist quasi der Vater aller modernen Messgeräte, die auf interferometrischen Grundlagen beruhen und ist in ersten Anwendungen von Interferenzerscheinungen für die Längenmesstechnik bis ins Jahr 1890 zurückzuführen.

Seinerzeit entwickelte Michelson die nach ihm benannte Anordnung zur Auswertung der Länge des Urmeters, die noch heute in nahezu unveränderter Form die Grundeinheit moderner Laser-Interferometer darstellt. [WEC-5/97]

Interferenz

Die Interferometrie ist eine optische Messmethode, bei der die Welleneigenschaft von Lichtstrahlen, Interferenz zu erzeugen, zu sehr genauen Messungen von Längen genutzt wird. Die Grundlage der Methode besteht in der Überlagerung von zwei kohärenten Wellenfronten, deren Phasenlage bei der Messung so verändert wird, dass Intensitätsschwankungen auftreten. Beim räumlichen Betrachten der Wellenfronten sind dann, je nach der Phasenlage, helle und dunkle Interferenz-Streifen zu sehen.

Konstruktive Interferenz (Abbildung 6) entsteht, wenn sich zwei kohärente, phasengleiche Wellenfronten überlagern. Die Amplitude der resultierenden Welle ist in diesem Fall gleich der Summe der Amplituden der beiden Ausgangswellen (Verstärkung).

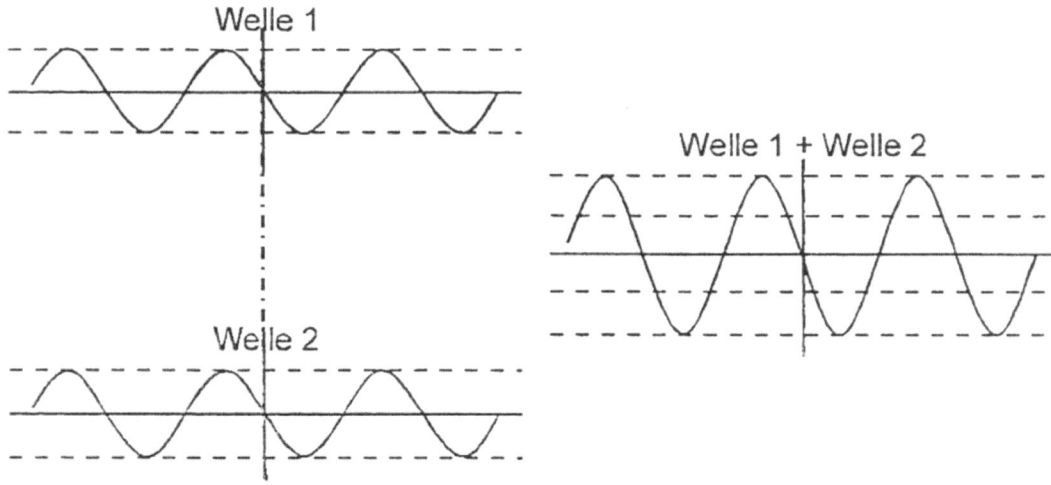

Abbildung 6 : Entstehung von konstruktiver Interferenz
Quelle : [REN-98]

Destruktive Interferenz (Abbildung 7) tritt bei der Überlagerung zweier Wellenfronten auf, die zueinander um eine halbe Wellenlänge phasenverschoben sind. Die Amplitude der entstehenden Welle ist gleich der Differenz der Amplituden der beiden Ausgangswellen (Schwächung). Bei Amplitudengleichheit kommt es zur Auslöschung.

Messtechnisch wird der definierte Zusammenhang von Änderungen der Phasenverschiebung und Intensitätsschwankungen genutzt. Die Phasenverschiebung wird dadurch erreicht, dass der zurücklegte Weg einer der beiden Lichtwellenfronten (Strahlen) veränderlich sein muss. Wird dabei die Anzahl der Intensitätsschwankungen erfasst und ist die Wellenlänge (Abstand zwischen zwei Wellenmaxima) des Lichtes bekannt, kann daraus der zurückgelegte Weg berechnet werden.

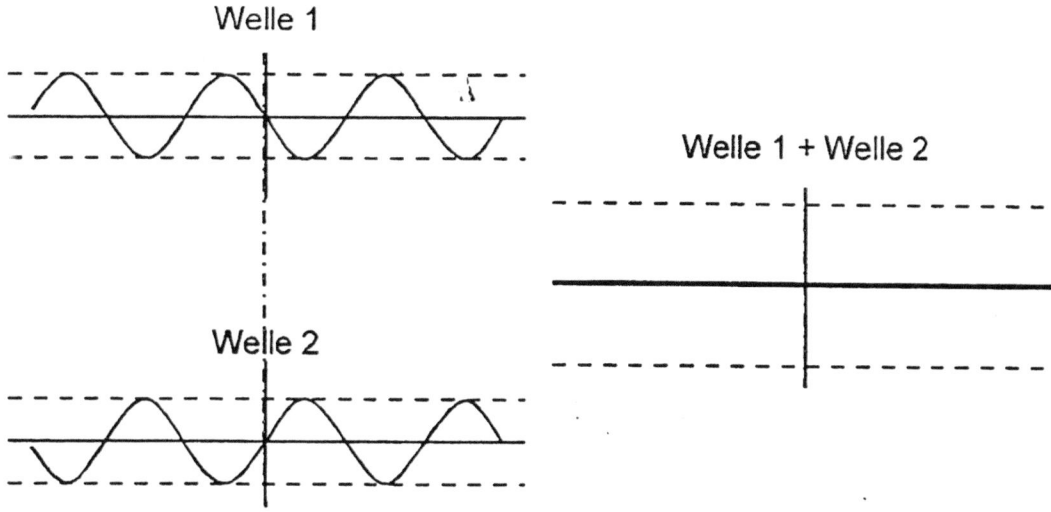

Abbildung 7 : Entstehung von destruktiver Interferenz
Quelle : [REN-98]

Aufbau des Michelson-Interferometers

Sein Aufbau ist schematisch in Abbildung 8 wiedergegeben. Von einer Lichtquelle L fällt das Licht auf eine unter 45° geneigte, halbdurchlässig verspiegelte Glasplatte P, durch die es in einen durchgehenden Strahl 1 und einen senkrecht dazu verlaufenden Strahl 2 zerlegt wird. Beide Strahlen werden an senkrecht gestellten ebenen Spiegeln S_1 und S_2 in sich selbst zurückgeworfen und treffen auf ihrem Rückweg erneut auf die Platte P, wo sie nochmals in je zwei Teile zerlegt werden.

Von diesen betrachtet man nur die beiden Anteile, die miteinander koinzidierend ins Fernrohr F gelangen. Da hierbei der Strahl 1 die Platte P dreimal, Strahl 2 aber nur einmal durchlaufen hat, ist in den Weg des Strahles 2 zwischen P und S_2 eine zweite, gleich dicke, aber unverspiegelte Platte P' parallel zu P eingeschaltet. Auf diese Weise wird die bisherige Asymmetrie der beiden Strahlen 1 und 2 aufgehoben; die Lichtwege sind nunmehr vollkommen gleichwertig.

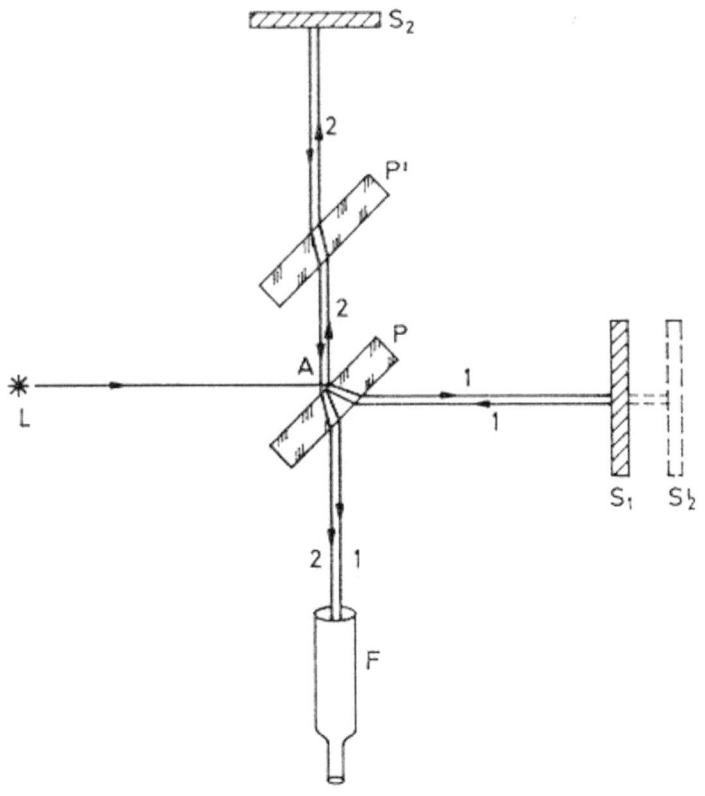

Abbildung 8 : Prinzip des Michelson-Interferometers
Quelle : [BER-95]

Nimmt man zunächst an, dass die beiden Spiegel S_1 und S_2 gleichweit vom Punkt A auf der Platte P entfernt sind, so treffen die Strahlen 1 und 2 ohne Gangunterschied in das Beobachtungsfernrohr F und verstärken sich. Eine solche Verstärkung tritt auch ein, wenn einer der beiden Spiegel um ein ganzes Vielfaches einer halben Wellenlänge verschoben wird. Dagegen löschen sich die beiden Strahlen im Fernrohr aus, wenn einer der beiden Spiegel um ein ungerades Vielfaches einer Viertelwellenlänge längs der Strahlrichtung verschoben wird; denn in diesem Fall beträgt der Gangunterschied zwischen den beiden Strahlen ein ungerades Vielfaches einer halben Wellenlänge. Indem man also den einen Spiegel mit Hilfe einer Mikrometerschraube messbar verschiebt und die Helligkeitswechsel im Fernrohr zählt, kann man die optischen Wellenlängen absolut messen. In Wirklichkeit ist das im Fernrohr erscheinende Gesichtsfeld nicht gleichmäßig hell oder dunkel, sondern zeigt bei ausgedehnter Lichtquelle konzentrische Interferenzringe, die sich bei einer Spiegel-verschiebung erweitern oder zusammenziehen. Die ganze Anordnung kann man nämlich als äquivalent mit einer planparallelen Luftplatte ansehen, denn das virtuelle Bild $S_2`$, das die spiegelnde Platte P von $S_2$ entwirft, liegt ebenso weit hinter P wie $S_2$ vor ihm, wobei $S_1$ und $S_2`$ einander parallel sind, wenn S_1 und S_2 senkrecht aufeinander stehen, was vorausgesetzt wurde. Man kann sich also S_2 einfach durch $S_2`$ ersetzt und dann den Spiegel $S_2$ unterdrückt denken. Die Gangdifferenz für den Mittelstrahl ist einfach gleich dem doppelten Abstand $S_1 S_2`$ des reellen Spiegels S_1 von dem virtuellen $S_2`$, die zusammen eine planparallele Luftplatte von variabler Dicke begrenzen, und man beobachtet Kurven gleicher Neigung.

Man kann natürlich die Spiegel S_1 und S_2 auch so justieren, dass sie einer keilförmi-gen Luftplatte $S_1 S_2`$ äquivalent sind; dann beobachtet man bei Beleuchtung mit parallelem Licht mit dem (jetzt allerdings nicht auf Unendlich, sondern auf den Keil eingestellten) Fernrohr gradlinige Streifen parallel der Keilkante (Kurven gleicher Dicke). Wählt man dabei den mittleren Abstand AS_1 und AS_2 gleich, dann schneiden sich die Flächen S_1 und $S_2`$ und man erhält den Interferenzstreifen 0-ter Ordnung in der Mitte des Gesichtsfeldes, den man bei Beleuchtung mit weißem Licht als einzi-gen achromatischen Streifen leicht identifizieren kann. Damit kann die Gleichheit der Lichtwege 1 und 2 kontrolliert werden. [HAL-94]

Renishaw-Laser-Interferometer

Für die Erfassung diverser Kenngrößen zur Charakterisierung der dynamischen Signifikanz der Mikro-Fräsmaschine im Rahmen der vorliegenden Studie kamen zur Durchführung der zugehörigen Messungen im linear-dynamischen Bereich ein Laser-Interferometer der Firma Renishaw zum Einsatz. Im folgenden sollen nun kurz die Funktionsweise sowie Messaufbau und Anordnung der Optiken geschildert werden.

Das vom Laser ausgesandte Licht wird im Interferometer in zwei Strahlen aufgeteilt. Einer der Strahlen wird über einen Reflektor, der in einem festen Abstand zum Interferometer montiert ist, zurückgeworfen (Referenzstrahl). Der andere Strahl läuft über einen zweiten Reflektor, dessen - in Strahlrichtung - veränderlicher Abstand zum Strahlteiler die zu messende Größe ist (Messstrahl). Die beiden reflektierten

Strahlen werden im Interferometer wieder zusammengeführt und gemeinsam über die Detektor-Öffnung im Verschluss vom Laser ML 10 aufgenommen. Aus dem Unterschied der Laufwege der beiden Strahlen ermittelt der Laser den jeweiligen Messwert.

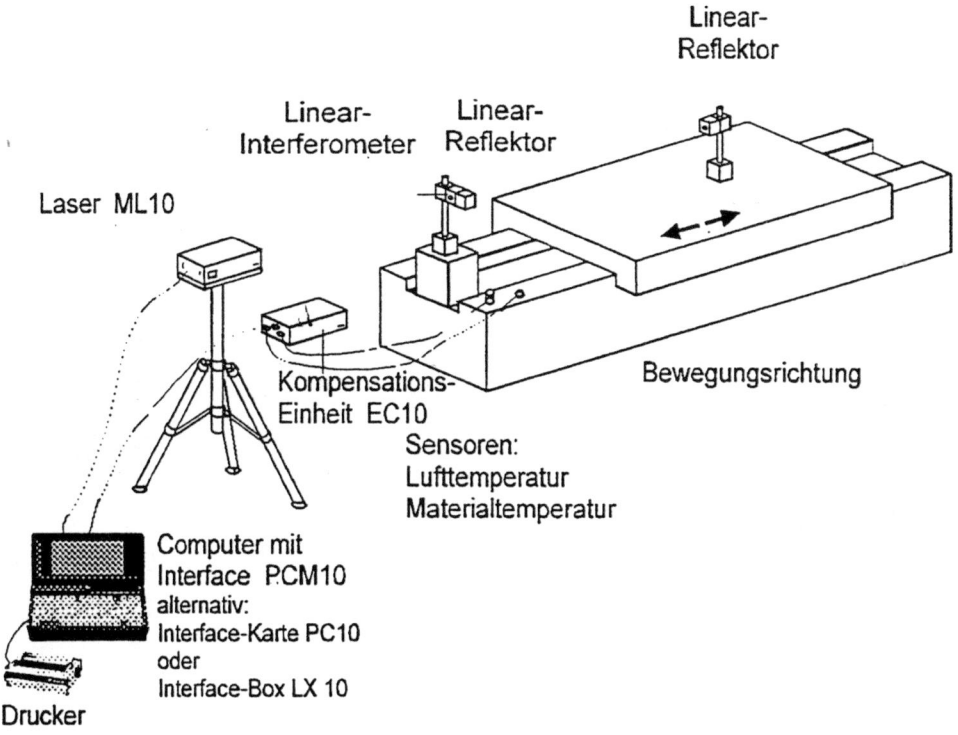

Abbildung 9 : Messaufbau für eine Positionsmessung
Quelle : [REN-98]

In der praktischen Anwendung werden die beiden kohärenten Wellenfronten durch einen optischen Strahlteiler (Interferometer) aus einem stabilisierten Laserstrahl erzeugt: Die beiden Strahlen werden reflektiert und durch den Strahlteiler zum Detektor zurückgeführt. Dort ergibt sich das Interferenzmuster.

Wenn sich die von den beiden Strahlen zurückgelegten Wege nicht ändern, wird ein Signal registriert, das irgendwo zwischen konstruktiver und destruktiver Interferenz liegt. Ändern sich die von den beiden Strahlen zurückgelegten Wege unterschiedlich, so registriert der Detektor ein Signal, das periodisch mit der Wellenlänge zwischen konstruktiver und destruktiver Interferenz pendelt. Die so erzeugten Amplitudenänderungen des resultierenden Strahls (Intensitätsschwankungen) werden gezählt und dienen als Grundlage zur Berechnung des Verschiebeweges. Die Länge des zurückgelegten Weges ergibt sich aus der Multiplikation der Anzahl der Interferenz-Streifen mit der halben Wellenlänge. Die halbe Wellenlänge muss angesetzt werden, weil der Messstrahl den Weg doppelt durchläuft. [REN-98]

Das interferometrische Messprinzip des Erfassens der Phasenverschiebung zwischen zwei Wellenfronten (Strahlen) kann unmittelbar für lineare Messungen angewendet werden.

Bei einer Positionsmessung (lineare Messung) wird der Weg des einen Strahls (Referenzstrahl) konstant gehalten. Dazu wird ein Reflektor fest mit dem Strahlteiler verbunden. Der veränderliche Weg des zweiten Strahls (Messstrahl) über einen verschiebbaren Reflektor ist die Messgröße (Abbildung 10). Dementsprechend fällt die im Rahmen dieser Studie durchgeführte Messaufgabe des Renishaw-Laser-Interferometers in die folgende Konfiguration: Interferometer ist ortsfest fixiert und der Reflektor bewegt sich.

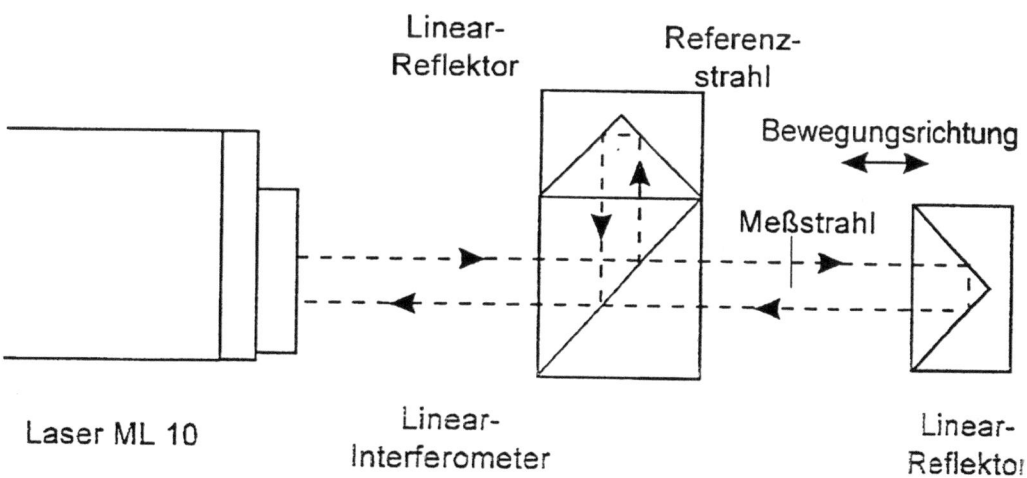

Abbildung 10 : Versuchsbezogener Aufbau
Quelle : [REN-98]

2.1.2 Kreisformtester

Nahezu alle Maschinenbaufirmen arbeiten heutzutage mit modernen CNC-Maschinen mit Positioniereinrichtungen, um die Herstellung ihrer Produkte zu automatisieren. Diese Maschinen verfügen über ausgezeichnete Wiederholungseigenschaften und sind die wirtschaftlichste Lösung bei mittleren Losgrößen. Es sollte jedoch nicht vergessen werden, dass Bearbeitungsqualität und - genauigkeit immer nur so gut sind wie die Anlage selbst. [REN-92]

Ein weit verbreitetes Verfahren zur Untersuchung des geometrischen und kinematischen Verhaltens von Werkzeugmaschinen ist der Kreisformtest, bei dem die absolute Genauigkeit einer von der CNC-Steuerung interpolierten Kreisbahn vermessen wird.

Kreisformtests mit großen Radien geben Auskunft über die Maschinengeometrie, wohingegen bei kleinen Kreisradien der Einfluss der Dynamik der Vorschubantriebe beurteilt wird.

2.1.2.1 Vorteile des Kreisformtests

Ein Verfahren zur Überprüfung des ordnungsgemäßen Betriebs einer Anlage besteht darin, ein Testwerkstück zu bearbeiten und anschließend die Genauigkeit des Teils mit einem Koordinatenmessgerät zu überprüfen (Richtlinien hierfür finden sich unter anderem in der VDI 2851). Dieser Vorgang nimmt natürlich viel Zeit in Anspruch, da für die Einstellung der Anlage mehrere Stunden und danach für den genauen Schnitt ebenfalls einige Stunden benötigt werden. Dieses Vorgehen ist außerdem unwirtschaftlich, da Rohmaterial verbraucht und Schneidwerkzeuge zusätzlichem, unproduktivem Verschleiß ausgesetzt werden.

Eine Alternative ist die Überprüfung der Anlage durch einen Kreisformtest, der die gleichzeitige Bewegung von zwei linearen und nominell lotrechten Achsen umfasst, deren kombinierte Bewegungen einen Kreis beschreiben. Dieser Vorgang lässt sich auf den meisten CNC-Anlagen leicht programmieren und zeigt Fehler und Ungenauigkeiten in der numerischen Steuerung, in den Antrieben und den Achsen der Maschine auf.

Insofern zeigt sich der Kreisformtest als werkstattorientiertes Verfahren, der unter anderem nach Kollisionen durch Programmierfehler („Crashs") Anwendung findet, da sich durch Verwendung und Interpretation der Messergebnisse relativ schnell eine Aussage über eventuelle Beschädigungen treffen und formulieren lässt.

2.1.2.2 Aufbau des Renishaw-Ballbar-Verfahrens

Das Renishaw Ballbar-Verfahren basiert auf dem geschilderten Ablauf und bietet außerdem den Vorteil der Datenerfassung im Computer.

Der wichtigste Faktor im Renishaw-Verfahren mit einem Kreistest ist ein Präzisionslinearwandler, der sich über den Bereich von etwa ±2.5 mm mit einem Messbereich von etwa ±1 mm zusammendrücken beziehungsweise expandieren lässt. Er liefert elektrische Signale, die elektronisch in ein für das Programm verständliches Format umgewandelt und damit speicherbar und analysierbar werden.

Abbildung 11 zeigt den Wandler und die anderen für die Durchführung des Kreistests erforderlichen Komponenten:

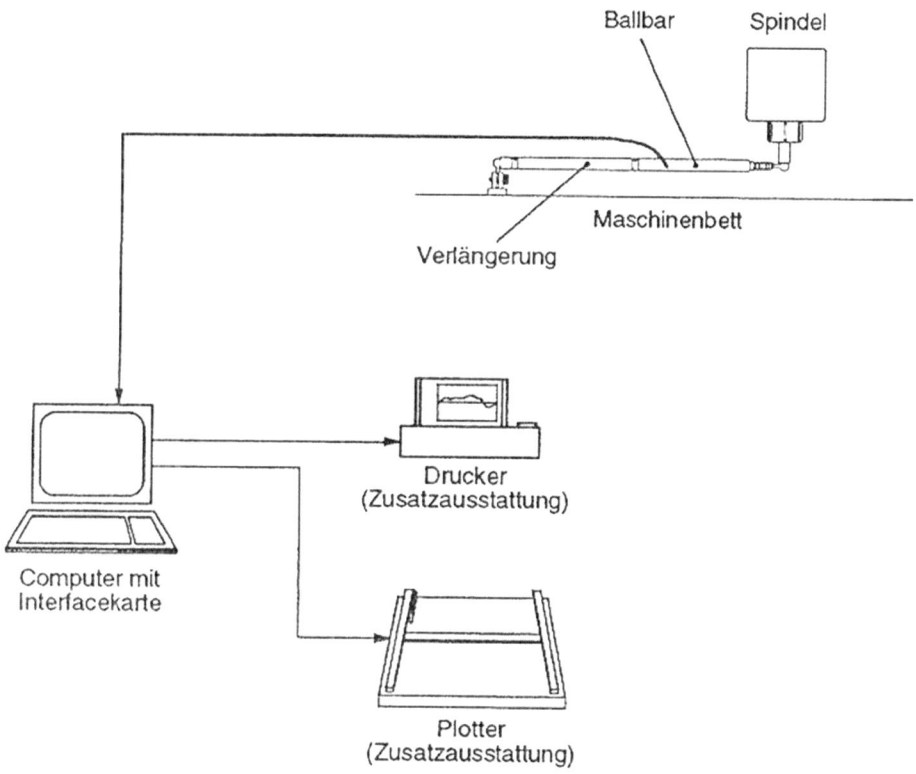

Abbildung 11 : Systemkonfiguration
Quelle : [REN-92]

Der Ballbar hat eine nominelle Länge von 100 mm und kann durch Verlängerungsstangen auch größere Bereiche abdecken.

Geringere Längen decken den Effekt des Umkehrspiels am besten auf, besonders bei hoher Geschwindigkeit. Größere Längen lassen geometrische Probleme (Achsen aus dem Lot) und Klebeverrutschungen an den Führungen der Achsen sehr gut erkennen, besonders bei niedrigen Geschwindigkeiten. [WEC-5/97]

Zur Entkopplung der Einflüsse einzelner Maschinenachsen wird die Kreisebene so angeordnet, dass die Bewegung nur in zwei Achsen interpoliert wird. Während Tisch- und Werkzeugaufnahme relativ zueinander eine vorprogrammierte Kreisbahn mit dem Radius R abfahren, erfasst das Messsystem die relativen Verlagerungen, das heißt die Abweichungen von der Sollkreisbahn der Bewegung, welche von der Auswertesoftware in einem Polardiagramm aufgetragen werden:

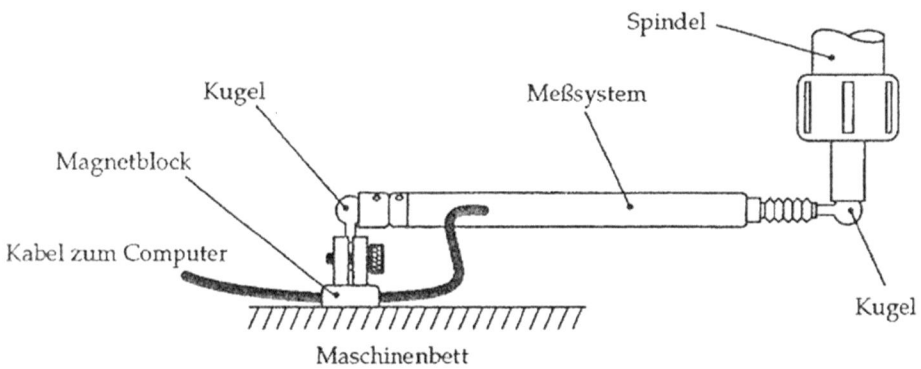

Abbildung 12 : Anbringung des Kreisformtesters
Quelle : [REN-92]

2.1.2.3 Ablauf der Datenerfassung

Nach dem Aufbau des Kreisformtesters wird über die Steuerung eine Kreisbahn vorgegeben und von der Maschine abgefahren.

Die Abweichungen zur Idealbahn werden vom Kreisformtester aufgenommen und mittels einer Auswerteeinheit bewertet.

Abweichungen von der Idealbahn manifestieren sich bei einem Kreis als Radiusänderungen während des Abfahrens der programmierten Sollbahn. Diese Schwankungen werden fotoelektrisch über eine Beleuchtungsdiode und einen linearen Inkrementalmaßstab erfasst und zur Berechnung an den Computer weitergeleitet:

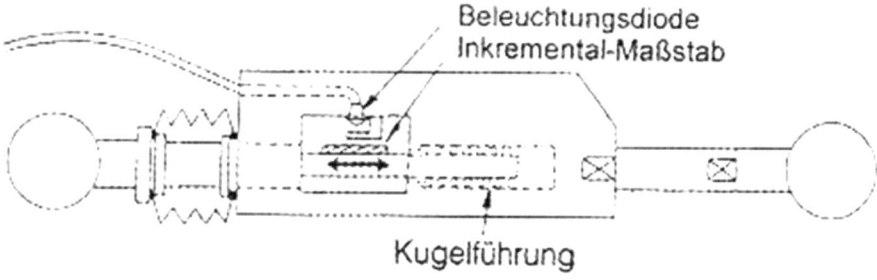

Abbildung 13 : Aufbau eines Kreisformtesters

Quelle : [WEC-01]

Vorgehensweise bei der Datenerfassung am Vollkreis

Abbildung 14 zeigt in graphischer Form den Idealweg, den das Messsystem bei der dynamischen Datenerfassung an einem Vollkreis beschreiben sollte. (Anmerkung: Der in Abbildung 14 dargestellte Weg verläuft spiralförmig zum Mittelpunkt hin - Dies ist nur aus darstellungstechnischen Gründen so, in Wirklichkeit verläuft der Weg kreisförmig mit einem nominell konstanten Radius.)

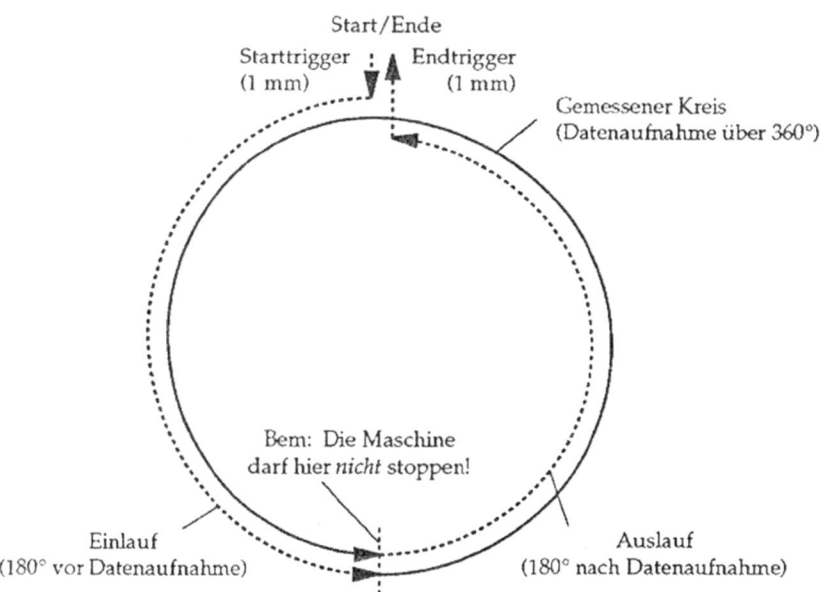

Abbildung 14 : Weg des Messsystems bei Datenerfassung über 360°

Quelle : [REN-92]

Dieser Weg lässt sich in fünf Schritte unterteilen:

- ➤ Starttrigger (1 mm),
- ➤ Einlaufwinkel,
- ➤ Datenerfassungsbogen,
- ➤ Auslaufwinkel,
- ➤ Endtrigger (1 mm)

i) Starttrigger

Die Spitze des Messsystems beschreibt einen Weg von maximal 5 mm, der tatsächliche Arbeitsbereich des Messwertwandlers beträgt jedoch circa 2 mm im Zentrum des Maximalweges.

Der Messbereich liegt im Arbeitsbereich im Umkreis von circa ±1 mm vom Zentrum des Arbeitsbereiches. Diese Bereiche gehen aus Abbildung 15 hervor :

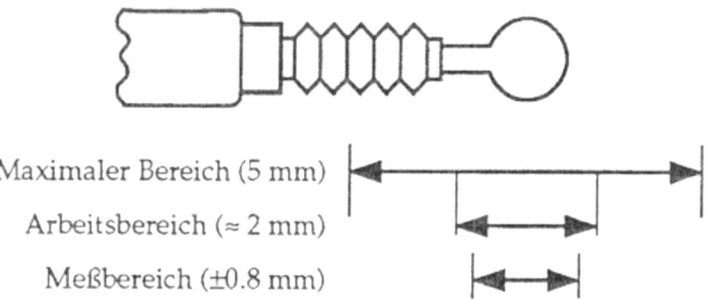

Abbildung 15 : Bereiche des Präzisionslinearwandlers
Quelle : [REN-92]

Bei der dynamischen Datenerfassung geht die Software davon aus, dass das Mess-system außerhalb des Messbereichs startet, bevor der Datenerfassungsprozess beginnt. Sobald der Ballbar in Messbereich bewegt worden ist, beginnt die Software mit der Aufzeichnung und nimmt die Werte auf. Bei der dynamischen Datenerfassung ist es daher wichtig, dass die Ballbarspitze beim Start des Teileprogramms außerhalb ihres Messbereichs liegt.

Der erste Schritt, den das Teileprogramm zu vollziehen hat, ist die direkte Bewegung zum Mittelpunkt des Datenerfassungskreises hin, damit der Ballbar mitten in den Messbereich gelangt (Starttrigger).

Die Software beginnt mit dem Sampling des Messwertwandlers, sobald die Ballbar-spitze in diesen Bereich kommt. Die Bewegung für den Starttrigger beträgt norma-lerweise etwa 1 bis 1,5 mm. Die Vorschubrichtung verläuft entlang einer der beiden Achsen in der angewählten Ebene. Dies ist nicht obligatorisch, erleichtert aber das Schreiben des Teileprogramms. [REN-92]

ii) Ein -und Auslaufbogen

Nach Abschluss des Vorschubs sollte das Teileprogramm damit beginnen, den Ballbar durch zwei Kreise laufen zu lassen, das heißt über 720°, wobei der Radius bei beiden gleich der Nennlänge des Ballbars ist.

Wichtig ist hierbei, dass dieser Vorgang nicht unterbrochen wird. Über die vollen 720° werden Daten erfasst, jedoch werden die Daten, die im Ein- und Auslaufbogen erfasst werden, von der Software gelöscht.

Sinn und Zweck der Winkelübersteuerungsbogen besteht darin, es der Anlage zu ermöglichen, eine konstante Winkelvorschubgeschwindigkeit zu erreichen, bevor der Durchlauf durch einen Datenerfassungsbogen von 360° gestartet wird, und sicherzustellen, dass diese Geschwindigkeit nicht wieder absinkt, bevor die Datenerfassung bei 360° abgeschlossen ist.

Wenn mit Winkelübersteuerungsbogen gearbeitet wird, befindet sich immer ein Übersteuerungsbogen vor und einer hinter dem Datenerfassungsbogen, ein Übersteuerungsbogen allein ist nicht möglich. Außerdem müssen beide Übersteuerungsbogen gleich groß sein.

Winkelübersteuerungsbogen von 180° sind ideal bei der Datenerfassung an einem Vollkreis; das Teileprogramm wird dadurch vereinfacht.

iii) Datenerfassungsbogen

Damit ist der Bogen von 360° zwischen den beiden Winkelübersteuerungsbogen gemeint, an dem die Software die Daten erfasst und speichert. Die Anlage bewegt die Ballbarspitze mit einer konstanten Winkelvorschubgeschwindigkeit (Bahngeschwindigkeit) um den Datenerfassungsbogen herum.

iv) Endtrigger

Der Endtrigger ist der gegensätzliche Vorgang zum Starttrigger, das Messsystem wird in seine Ausgangsposition zurückgebracht. Dadurch werden Messwertwandler und dazugehörige Teile vor Beschädigungen geschützt. Würde der Ballbar nicht in die Ausgangsstellung gebracht und das Teileprogramm erneut gestartet, könnte die Maschine die Achsen so bewegen, dass der Messwertwandler so stark komprimiert würde, bis er oder die Kugelgelenke zerstört würden.

Zusammenfassend müssen folgende Punkte bei der dynamischen Datenerfassung und der Entscheidung, wie die Maschine ihre Achsen bei der Steuerung durch ein Teileprogramm bewegen soll, berücksichtigt werden :

➢ Das Messsystem wird vor und nach dem Datenerfassungsablauf durch einen Bogen von 180° bewegt, damit die Winkelvorschubgeschwindigkeit stabilisiert werden kann.

➢ Die Anlage muss für eine konstante Vorschubgeschwindigkeit programmiert sein

➢ Die Anlage muss den Ballbar gleichmäßig, das heißt ohne zu stoppen, durch die Winkelübersteuerungs – und Datenerfassungsbögen bewegen.

Vorgehensweise bei der Datenerfassung auf einem Halbkreis

Zur Erfassung von dynamischen Messdaten auf einem 180°-Kreis bedarf es prinzipiell der gleichen Abschnitten und Schritte wie obig für die Vollkreis-Abtastung beschrieben und erläutert. Allerdings differieren einige Bezeichnungen zur Charakterisierung der Messparameter, so dass zur Interpretation der Einstellungsvariablen nun Abbildung 16 dienen soll :

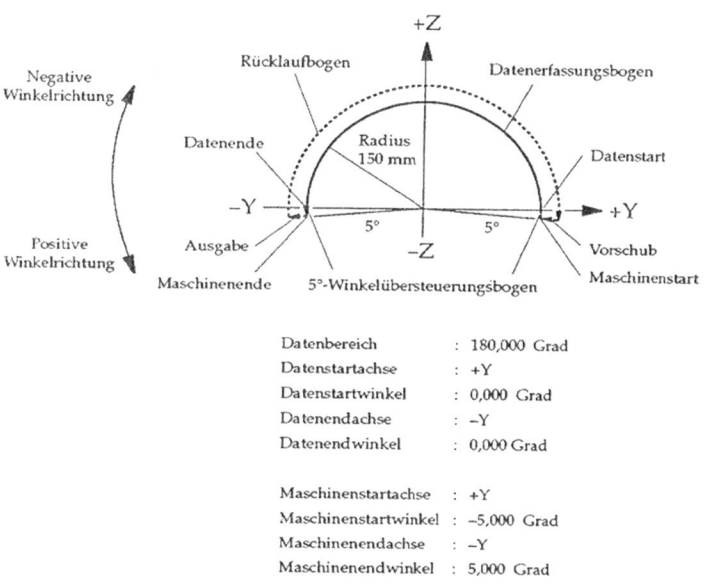

Datenbereich	:	180,000 Grad
Datenstartachse	:	+Y
Datenstartwinkel	:	0,000 Grad
Datenendachse	:	−Y
Datenendwinkel	:	0,000 Grad
Maschinenstartachse	:	+Y
Maschinenstartwinkel	:	−5,000 Grad
Maschinenendachse	:	−Y
Maschinenendwinkel	:	5,000 Grad

Abbildung 16 : Bezeichnungen für Datenerfassung über 180°

Quelle : [REN-92]

35

Die in der Legende dieser Abbildung verwendeten Begriffe und Stationen sollen im Folgenden genauer erklärt werden.

Datenbereich

Die Größe des Datenerfassungsbogens, also 180°, wird angegeben.

Datenstart

Der Datenerfassungsbogen beginnt auf der + Y- Achse, dies wird zusammen mit einem Datenstartwinkel von 0° angegeben.

Datenende

Der Datenerfassungsbogen endet auf der -Y- Achse, dies wird zusammen mit einem Datenendwinkel von 0° angegeben.

Maschinenstart

Die Maschine beginnt an einem Punkt 5° von der –Y-Achse im Uhrzeigersinn, daher ist die Maschinenstartachse +Y und der Maschinenstartwinkel –5° (das heißt 5° im Uhrzeigersinn).

Maschinenende

Die Maschine endet an einem Punkt 5° von der –Y-Achse entgegen dem Uhrzeigersinn, daher ist die Maschinenendachse –Y und der Maschinenendwinkel 5° (das heißt 5° entgegen dem Uhrzeigersinn).

2.1.2.4   Auswertung des Kreisformtests

Das Renishaw-Verfahren bietet über die zugehörige Auswertesoftware die Möglichkeit, dynamische Kreisformtests bezüglich Kreisformabweichung nach DIN ISO 230-4 zu untersuchen und darstellen zu lassen.

Analyse der Messschriebe

Maschinenfehler spiegeln sich in typischen Abweichungen der Messschriebe von der idealen Kreisform wider. Da sich die verschiedenen Abweichungen im Diagramm überlagern und unterschiedliche Fehler zum Teil zu ähnlichen Abweichungen führen, ist die Fehlerzuordnung häufig schwierig, eine Übersicht, die der Identifizierung und

Zuordnung der Fehler, respektive Ursachen dienlich sein kann, zeigt Abbildung 17 : [WEC-3/97]

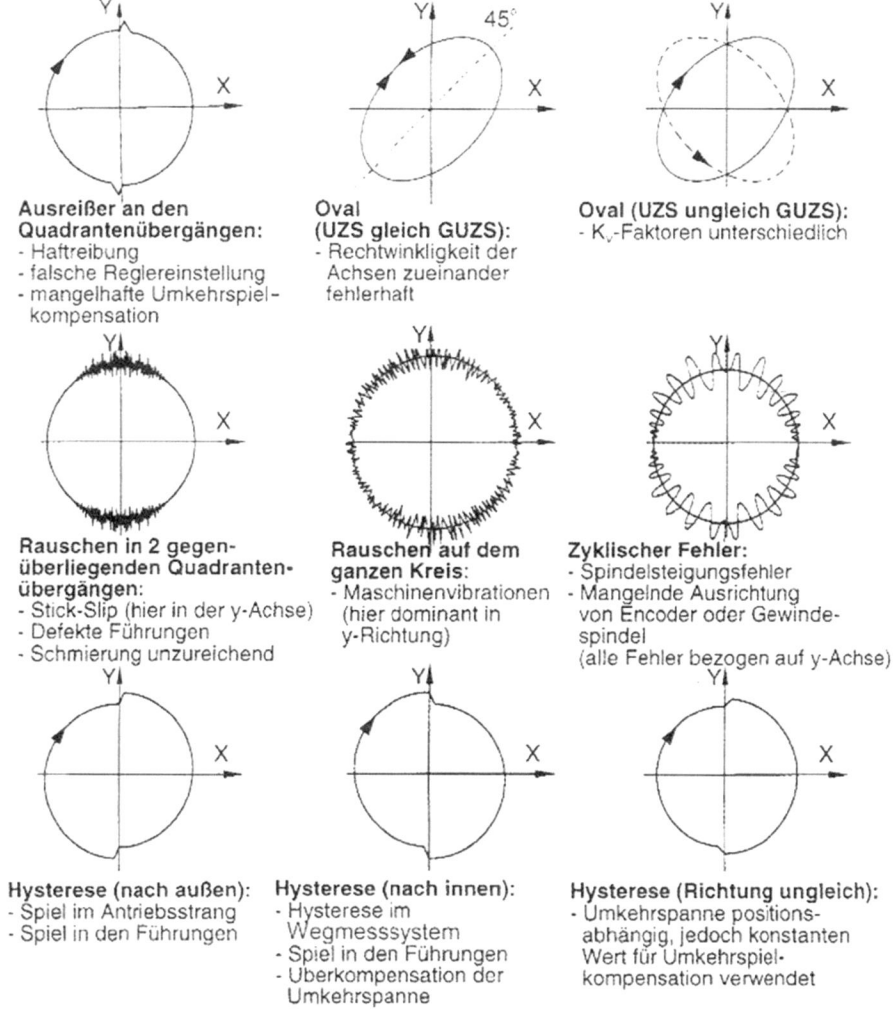

Abbildung 17 : Ausprägungen von Messschrieben des Kreisformtests und mögliche Ursachen
Quelle : [WEC-01]

Obwohl bereits mathematische Ansätze zur quantitativen Bestimmung der verschiedenen Fehler gemacht wurden, ist bisher die eindeutige Analyse der Kreisformdaten schwierig.

Eine Möglichkeit der qualitativen Auswertung liegt in dem Vergleich der Messschriebe mit den typischen Ausprägungen der einzelnen Ursachen. Auf diese Weise können dominierende Maschinenfehler ausfindig gemacht werden.

Über diese qualitative Bewertung der Maschine werden natürlich die angesprochenen Kenngrößen der dynamischen Charakterisierung, Kreisformabweichung und Unrundheit direkt quantitativ ermittelt und aufgeführt.

2.1.3 Durchführung

Ein bedeutender Aspekt, den es bei der Festlegung zur Durchführung von Messungen zu berücksichtigen gilt, ist neben einer den statistischen Vorgehensweisen und Ansprüchen genüge tragenden Messparameterumfanges ferner Überlegungen zum zeitlichen Ablauf des Messvorgangs [DUB-01].

Darüber hinaus wird zudem beabsichtigt, den Versuchsaufbau so zu gestalten, dass durch eine geeignete Anordnung Fehlereinflüsse eliminiert, zumindest jedoch minimiert werden können.

Da das Gros der Messungen gemäß Versuchsplan mit dem Renishaw-Laser-Interferometer durchgeführt wird, ist es angezeigt, besonders auf folgende drei Fehlereinflüsse, die charakteristisch für interferometrische Testreihen sind, zu achten sowie sie durch entsprechendes Vorgehen und die gebotene Sorgfalt auszuschalten:

- ➢ Totweg
- ➢ Cosinus-Fehler
- ➢ Beachtung des Abbèschen Komparatorprinzips

2.1.3.1 Totweg

Die Totstrecke des Lasermessweges ist der Abstand zwischen dem Strahlteiler und der Ausgangsstellung der Messung, das heißt also der Abschnitt des Messstrahles außerhalb der Messstrecke.

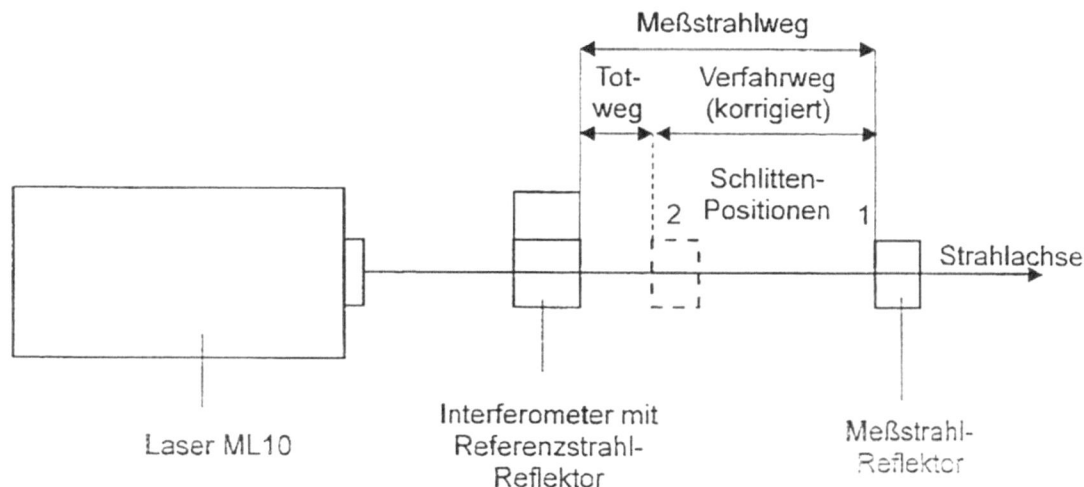

Abbildung 18 : Definition des Totweges

Quelle : [REN-98]

Zur Kompensation dieses Fehlers wird angestrebt, den Abstand zwischen dem Interferometer und dem Reflektor so klein wie möglich zu halten. Der Totwegfehler ist zu vernachlässigen, wenn die stationäre und die bewegte Optik in einer Endstellung unmittelbar nebeneinander liegen.

2.1.3.2 Cosinus-Fehler

Eine Fluchtungsabweichung des Laserstrahls zur Bewegungsachse der Werkzeugmaschine, hervorgerufen durch eine Abweichung der Parallelität der Messachse und der Bewegungsachse, führt zu einer Abweichung zwischen der gemessenen und der tatsächlich zurückgelegten Entfernung [DIN ISO 230-1].

Diese Differenz wird als Cosinus-Fehler bezeichnet, weil das Maß der Abweichung proportional zum Cosinus des Winkels der Fluchtungsabweichung zwischen Strahl und Bewegung ist.

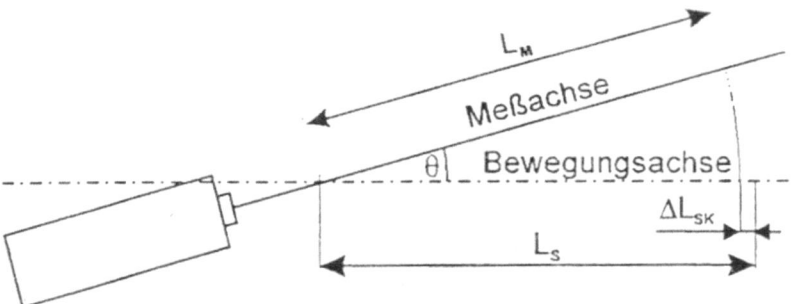

Abbildung 19 : Cosinusfehler
Quelle : [REN-98]

Der Cosinus-Fehler führt immer dazu, dass die gemessenen Entfernungen kleiner sind als der Verfahrweg des Schlittens. Der angezeigte Wert ist geringer als der tatsächliche Messweg.

Durch eine sorgfältige Strahljustage kann der Cosinus-Fehler minimiert werden.

Die Güte der Ausrichtung lässt sich über die Anzeige der Signalstärke kontrollieren. Sie sollte über die gesamte Messstrecke konstant sein und den größtmöglichen Wert annehmen.

2.1.3.3 Abbe´sches Komparatorprinzip

Da zur laserinterferometrischen Messung der interessierenden Größen eine Optik (der Reflektor) bewegt wird, können sich somit Kippungen und Führungsungenauigkeiten als Fehlereinfluss bemerkbar machen.

Diese haben aber nur einen kleinen Einfluss, wenn Prüfling und Maßverkörperung in einer Fluchtlinie liegen.

Bei paralleler Anordnung entsteht aufgrund des Kippwinkelunterschieds in den beiden Ablesepositionen ein Messfehler

$$\Delta L = e * \tan\Delta\varphi \approx e * \Delta\varphi \qquad \text{Gleichung 4}$$

bei kleinem $\Delta\varphi$.

40

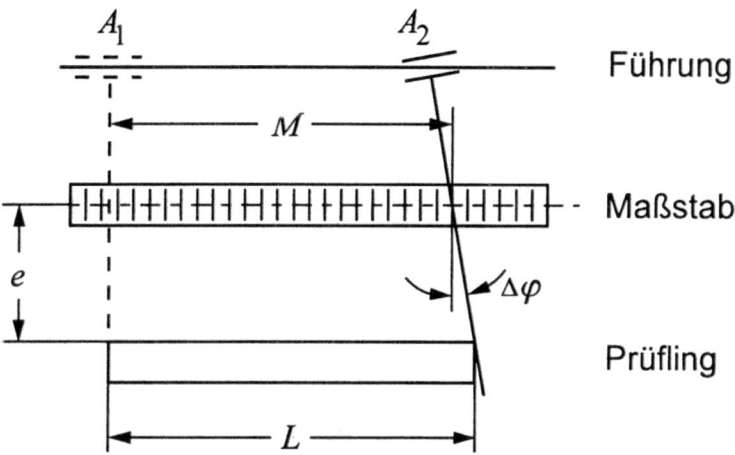

Abbildung 20 : Kippungs- und Führungsabweichung bei paralleler Anordnung
Quelle : [NIT-77]

Dieser Messfehler ist proportional zum Abstand e und zur ersten Potenz der Kipp-winkeldifferenz $\Delta\varphi$ und wird darum als Messfehler 1. Ordnung bezeichnet.

Liegen Prüfling und Maßverkörperung hingegen in einer Flucht, entsteht ein Mess-fehler ΔL, wenn der Messtisch nach einer Verschiebung um $\Delta\varphi$ kippt :

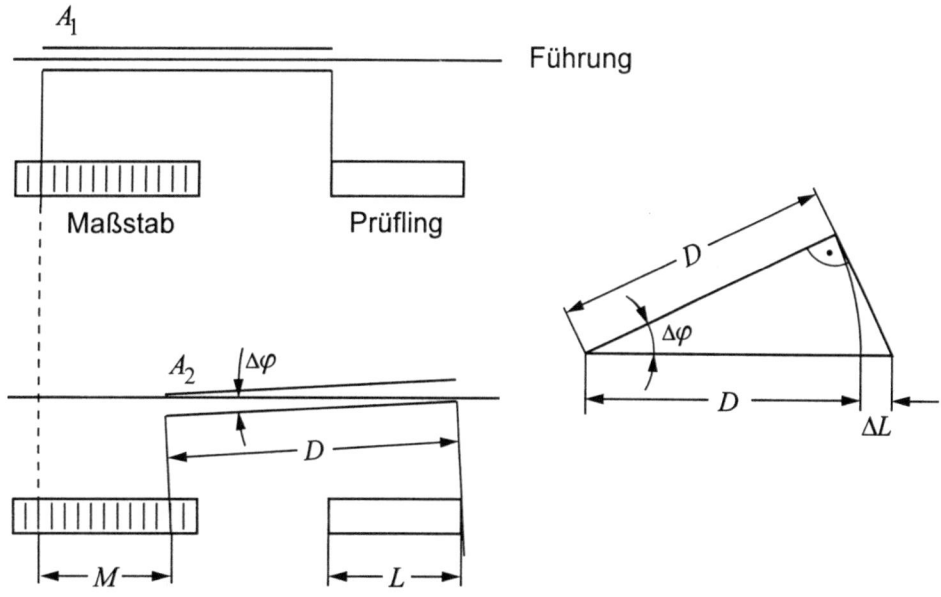

Abbildung 21 : Anordnung von Maßverkörperung und Prüfling in einer Fluchtlinie
Quelle : [NIT-77]

$$\Delta L \approx \tfrac{1}{2} * D * \Delta\varphi^2 \qquad\qquad \text{Gleichung 5}$$

Dieser Messfehler ist proportional zum Abstand der Messstellen und zur zweiten Potenz der Kippwinkeldifferenz und wird daher Messfehler 2. Ordnung genannt.

Er ist wesentlich geringer, angesichts des relativen kleinen Kippwinkels häufig gar vernachlässigbar.

Die Konzeption des Messaufbaus gemäß dieser Erkenntnis folgt dem messtechnischen Grundsatz, der als Abbe´sches Komparatorprinzip bekannt ist und aussagt :

„Der Apparat ist stets so anzuordnen, dass die zu messende Strecke die geradlinige Fortsetzung der als Maßstab dienenden Teilung bildet." [TEC-01]

Es soll an dieser Stelle nicht unerwähnt bleiben, dass selbstredend ebenfalls die Aufmerksamkeit und Sorgsamkeit des Messenden nicht unerheblich auf das Messergebnis einwirkt. Dies impliziert den ordentlichen und vorsichtigen Umgang mit Messgeräten, vor allem ist dafür Sorge zu tragen, dass die Optiken des Laserinterferometers sauber sind, da sonst die Signalstärke sowie Genauigkeit der Messung sinkt.

2.2 Messen

Bei der Planung von Messungen sind, neben der Auswahl der Messmethode und des Messverfahrens, die Auswertung der Ergebnisse und die Durchführung der Messung von Bedeutung. [DUB-01]

Durch Messungen werden objektive Informationen über physikalische, respektive technische Größen und ihre Veränderungen ermittelt, womit die Wirkung von Maßnahmen in Entwicklung, Konstruktion und Fertigung erkannt und beurteilt werden kann. Damit ist das Messen die Grundlage zur Sicherung des Qualitätsniveaus in der industriellen Fertigung.

Bei der Anwendung von Messtechniken sind dementsprechend neben der Auswahl von Messsystemen mit den erforderlichen Eigenschaften und Kenngrößen auch systematische Überlegungen zur Planung, Durchführung und Auswertung von Messungen anzustellen. [MEI-94]

Die Planung vom Messungen umfasst im wesentlichen die folgenden Teilschritte :

Aufgrund einer sorgfältigen Problemanalyse ist die für eine Lösung geeigneteste Größe zu definieren, der die Messung gilt.

Nach Festlegung der problemspezifischen Messgröße ist durch die Auswahl von Messprinzip und Messmethode das geeigneteste Verfahren auszuwählen und die gerätetechnische Messeinrichtung mit der Messkette zu konkretisieren.

Die Ausführungsplanung der Messkette sollte vor allem die hauptsächlichen Aspekte wie Messgröße, Messbereich, Empfindlichkeit, Fehlergrenzen sowie Kosten abwägen und gewichten.

Die wesentlichen Gesichtspunkte, die es bezüglich der Durchführung von Messungen, Versuchsreihen, etc. zu beachten gilt, sind neben einer möglichst statistisch abgesicherten Vorgehensweise ferner die Erstellung eines Zeitplans, der sowohl den Messvorgang, sprich einzelne Tätigkeiten, als auch den Gesamtkomplex der Testreihen erfasst und festlegt.

2.2.1 Abgrenzung Messen und Prüfen

Messen ist ein experimenteller Vorgang, durch den der Wert einer physikalischen oder technischen Größe ermittelt wird. Dabei wird die Messmethode durch die Regeln für die Durchführung der Messung definiert.

Das Messprinzip ist die physikalische Gesetzmäßigkeit, die der Messung zugrunde liegt und das Messverfahren schließlich beschreibt die technische Realisierung und die Anwendung der Messprinzipien. [DUB-01]

Die Messtechnik dient also zur Beurteilung der Merkmale einer Einheit und ist damit eines der wichtigsten Hilfsmittel der Qualitätsprüfung und Qualitätssicherung.

Im Rahmen des Qualitätsmanagements sowie des alltäglichen Sprachgebrauches ist recht häufig von „Prüfen", respektive „Prüfungen" die Rede, beispielsweise im Sinne einer Warenprüfung, etc.

Den Zusammenhang der Begriffe Prüfen und Messen im Kontext der Längenmess-technik illustriert folgende Abbildung:

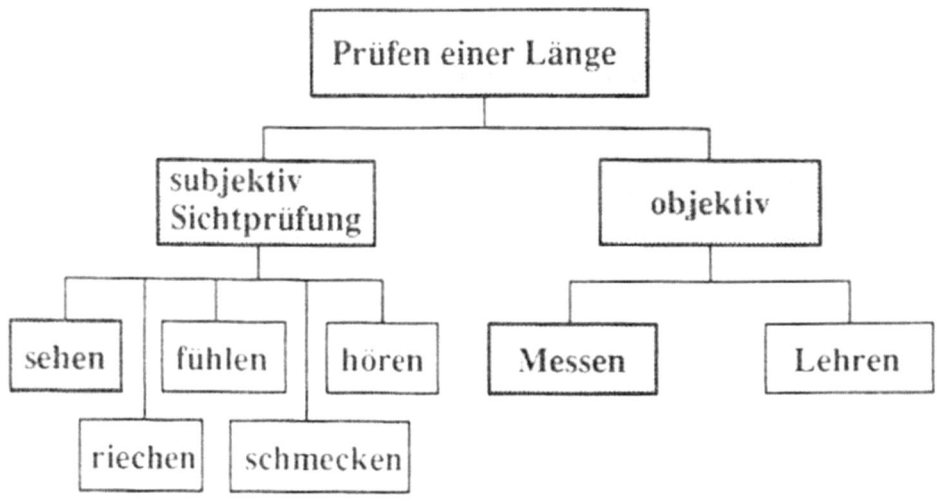

Abbildung 22 : Begriffe Messen und Prüfen

Quelle : [DUT-90]

2.2.2 Grundlagen

Unter Messen versteht man das Ermitteln des Wertes einer physikalischen Größe - der Messgröße – zum Beispiel Länge, Spannung usw. - an einem Prüfgegenstand, beispielsweise einem Werkstück oder Stromkreis.

Durch Vergleichen mit einer Maßverkörperung - allgemein Normal genannt - wird mit einem Messgerät ein Messwert für den gesuchten Wert bestimmt. Das Normal muss bekannte Einheiten der Messgröße darstellen, vorzugsweise SI-Einheiten, beziehungsweise deren Vielfache oder Bruchteile. Der Messwert gibt das Verhältnis des gesuchten Wertes zur Einheit als das Produkt aus Zahlenwert und Einheit an, zum Beispiel 25 mm, 3,6 V.

Der gesuchte Wert wird auch als wahrer Wert [DIN 1319, DIN 55350] bezeichnet. Vorzugsweise in der FertigungsMesstechnik ist die Bezeichnung Istwert üblich, wobei aus praktischen Gründen hierfür ein Messergebnis eingesetzt wird. Ein Istwert ist deshalb immer durch Messabweichungen verfälscht.

Bei der praktischen Durchführung von Messaufgaben stellt sich daher nie die Frage, ob Messabweichungen auftreten oder nicht - sie treten immer auf -, sondern es muss stets geprüft werden, ob der Betrag der auftretenden Messabweichungen akzeptiert werden kann oder nicht.

So ist im konkreten Fall der intendierten Versuchsreihen zur dynamischen Vermessung der vorliegenden Mikro-Fräsmaschine die Größenklasse tolerierbarer Fehler im niedrigen Mikrometerbereich anzusiedeln, um reliable Messungen zu gewährleisten.

Das Messen muss ein objektiv beschreibbarer Vorgang sein; die Ermittlung eines Messwertes darf keiner subjektiv beeinflussbaren Ermessensentscheidung unterliegen. Eine gute Messung muss wiederholbar (reproduzierbar) sein und durch eine andersartige Lösung der gleichen Messaufgabe (Vergleichsmessung) bestätigt werden können.

Bei vielen herkömmlichen Messverfahren kann der Messwert nur mit Einsatz der menschlichen Sinne festgestellt werden; die messende Person ist also mit ihren Fähigkeiten Bestandteil des Messverfahrens.

In solchen Fällen können subjektive Einflüsse nicht vermieden werden. Die Entwicklung der Messtechnik strebt aus diesem Grund zu Verfahren, bei denen der Messwert ohne jeglichen menschlichen Einfluss ermittelt wird.

Das Resultat einer Messung ist der Messwert bestehend aus Zahlenwert und Einheit. Das Messergebnis wird aus der mathematischen Auswertung einer oder mehrere Messwerte gebildet und enthält außer Wert und Einheit die Angabe der Messunsicherheit des Ergebnisses. [WAL-89]

2.2.3 Definitionen

Die Begriffsbestimmungen im Kontext der Themen Messen, Messunsicherheit, Fehler – sowie Regressionsrechnung entstammen den zugehörigen DIN – Normen 1319 und 2257.

> ➢ Messgröße : Physikalische Größe, der die Messung gilt.

> ➢ Wahrer Wert einer Messgröße : Wert der Messgröße als Ziel der Auswertung von Messungen der Messgröße.

> ➢ Messung (Messen einer Messgröße) : Ausführen von geplanten Tätigkeiten zum quantitativen Vergleich der Messgröße mit einer Einheit.

➢ Messprinzip : Physikalische Grundlage der Messung.

➢ Messmethode : Spezielle, vom Messprinzip unabhängige Art des Vorgehens bei der Messung.

➢ Messverfahren : Praktische Anwendung eines Messprinzips und einer Mess-methode

➢ Messwert : Wert, der zur Messgröße gehört und der Ausgabe eines Messge-rätes oder einer Messeinrichtung eindeutig zugeordnet ist

➢ Messabweichung : Abweichung eines aus Messungen gewonnenen und der Messgröße zugeordneten Wertes vom wahren Wert.

➢ Messunsicherheit : Kennwert, der aus Messungen gewonnen wird und zu-sammen mit dem Messergebnis zur Kennzeichnung eines Wertebereiches für den wahren Wert der Messgröße dient.

➢ Prüfen : Feststellen, ob der Prüfgegenstand eine oder mehrere vereinbarte, vorgeschriebene oder erwartete Bedingungen erfüllt, insbesondere ob vorge-gebene Grenzwerte eingehalten werden.

2.2.4 Messabweichung und Messunsicherheit

Nach den voran stehenden Erläuterungen bedeutet Messung einer physikalischen Größe den Vergleich mit einer Einheit dieser Größe. Wird dieser Vergleich unter gleichen Bedingungen wiederholt vorgenommen, so werden die Messwerte vonei-nander, also auch von dem zu ermittelnden wahren Wert der Messgröße abweichen.

Die Aufgabe besteht dann darin, aus den Messwerten den bestmöglichen Schätzwert für den wahren Wert der Messgröße, sowie ein Maß für die Unsicherheit des Schätzwertes zu ermitteln.

Jedes Messen unterliegt technischen Unvollkommenheiten und äußeren störenden Einflüssen, so dass der vom Messgerät angezeigte Messwert - die Istanzeige x_{ist} - nicht mit dem gesuchten wahren Wert der Messgröße - der Sollanzeige x_{soll} - über-einstimmt.

Diese Differenz ($x_{ist} - x_{soll}$) wird als Messabweichung bezeichnet.

2.2.4.1 Vorbemerkung

In älterer Literatur, so ebenfalls noch in der Ausgabe von 1985 der angesprochenen DIN-Norm 1319, findet man den Begriff des Messfehlers.

Heute jedoch wird – auch aus rechtlichen Gründen – die Terminologie der Messunsicherheit vorgezogen. Diese Wandlung lief konkordant zu den Entwicklungen im englischsprachigen Raum, wo seit einiger Zeit der Begriff der „uncertainty" gegenüber „error" präferiert wird.

Als Hintergrund ist hierbei zu beachten, dass eine Messunsicherheit nicht impliziert, dass eine Messung „falsch" ist, sondern sie beschreibt die Unsicherheit, mit der das Ergebnis angegeben werden kann.

Der Begriff Fehler bezeichnete bisher in der Praxis der Messtechnik die unvermeidliche Tatsache, dass ein Messwert nicht genau gleich dem gesuchten Wert der Messgröße ist.

In rechtlicher Sicht hingegen kann jedoch ein „Fehler" die Ursache eines „Mangels" sein, der zum Beispiel die Zurückweisung einer gelieferten Ware rechtfertigen kann.

Deshalb setzt sich die rechtlich nicht relevante Bezeichnung Abweichung, beziehungsweise Unsicherheit anstelle „Fehler" durch, wobei eine Bewertung erst durch die Unterscheidung in zulässige und unzulässige Abweichungen erfolgt.

2.2.4.2 Ursachen der Messunsicherheit

Die oben gegebene Definition der Messunsicherheit drückt die bekannte Tatsache aus, dass Messungen keinen exakten Wert liefern, ja gar nicht liefern können.

Messungen sind Unzulänglichkeiten und Unvollkommenheiten unterworfen, die nicht exakt quantifiziert werden können. Einige von ihnen haben ihre Ursache in zufälligen Effekten, wie kurzzeitigen Schwankungen der Temperatur, der Feuchtigkeit und des Luftdruckes der Umgebung. Auch die nicht gleichmäßige Leistungsfähigkeit des Beobachters, der die Messung ausführt, kann Ursache zufälliger Effekte sein: sei es, dass bei der Ablesung eines Wertes gewisse Abweichungen von einem Skalenwert geschätzt werden müssen oder ein Parameter in einem Messprozess eingestellt werden muss.

Messungen, die unter den gleichen Bedingungen wiederholt werden, zeigen auf Grund dieser zufälligen Einflüsse unterschiedliche Ergebnisse. Andere Unzulänglichkeiten und Unvollkommenheiten haben ihre Ursache darin, dass gewisse systematische Effekte nicht exakt korrigiert werden können oder nur näherungsweise bekannt sind. Hierzu gehören unter anderem die Nullpunktsabweichung eines Messinstrumentes, die Veränderung der charakteristischen Werte eines Normales zwischen zwei Kalibrierungen (Drift), die Voreingenommenheit des Beobachters, einen zuvor erhaltenen Wert bei der Ablesung wieder zu finden, oder auch die Unsicherheit, mit der der Wert eines Referenznormales oder Referenzmaterials in einem Zertifikat oder Handbuch angegeben wird.

Eine genauere Unterteilung der möglichen Fehler sowie deren Definition findet sich in Kapitel Fehlereinteilung.

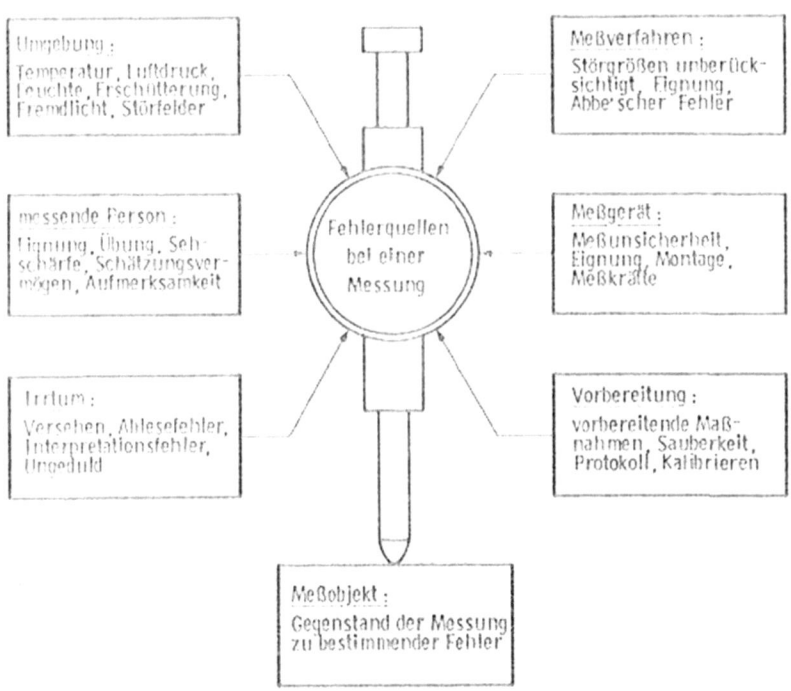

Abbildung 23 : Fehlerquellen bei einer Messung

Quelle : [KOE-97]

2.2.4.3 Bedeutung der Messunsicherheit

Aus der Definition der Messunsicherheit geht hervor, dass sie ein quantitatives Maß der Qualität des jeweiligen Messergebnisses ist.

Sie gibt eine Antwort auf die Frage, wie gut das gewonnene Ergebnis den Wert der Messgröße widerspiegelt und ermöglicht es dem Anwender, die Verlässlichkeit des Messergebnisses einzuschätzen, etwa um die Ergebnisse verschiedener Messungen der gleichen Messgröße miteinander oder mit Referenzwerten zu vergleichen.

2.2.4.4 Fehlereinteilung

Nachdem jeder Messwert und somit ebenfalls jedes Messergebnis durch Unvollkommenheit der Messgeräte und Messeinrichtungen, des Messverfahrens und des Messobjektes sowie durch die Umgebungsbedingungen beeinflusst wird, bedingt dies folgerichtig, dass jede Messung mit einer Unsicherheit behaftet ist, die zu Messabweichungen führt.

Messabweichungen treten in zwei grundsätzlich unterschiedlichen Formen auf:

> ➢ systematische Messabweichungen

> ➢ zufällige Messabweichungen.

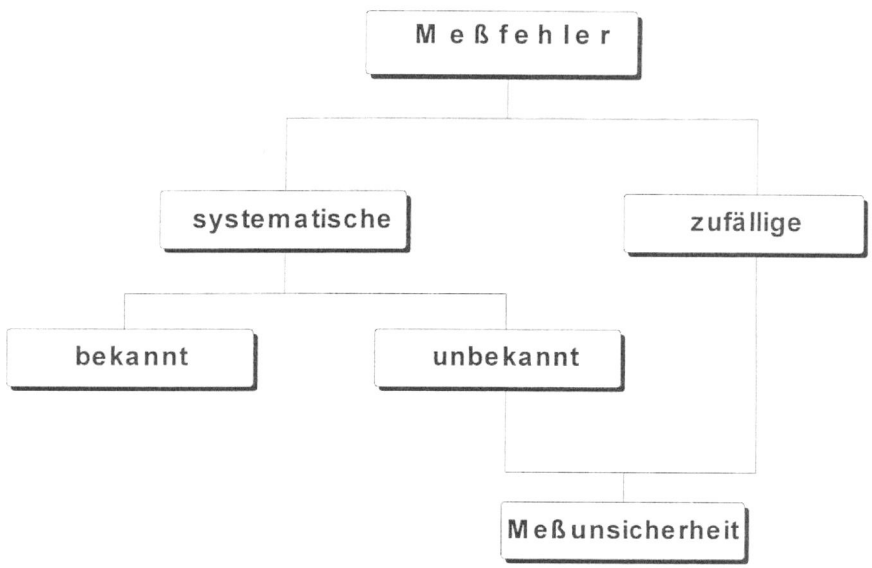

Abbildung 24 : Ausprägungen von Messfehlern
Quelle : [FER-00]

Systematische Messabweichungen

Systematische Messabweichungen haben unter gleichen Bedingungen bei der Durchführung der Messung für jeden Messwert einen bestimmten Betrag und ein bestimmtes Vorzeichen. Sie können deshalb bei der Wiederholung einer Messung nicht erkannt werden, sondern müssen durch andere Messverfahren, deren Messabweichungen hinreichend klein, beziehungsweise bekannt sind, ermittelt werden. [TEC-01]

Sind systematische Messabweichungen bekannt, so kann jeder abweichende Messwert berichtigt werden. Da der Aufwand für das Ermitteln systematischer Abweichungen in vielen Fällen nicht lohnend ist, kann für solche nicht erfassten systematischen Abweichungen ein Maximalbereich als ± - Angabe geschätzt werden, der rechnerisch wie der Streubereich zufälliger Abweichungen behandelt wird und die Messunsicherheit erhöht.

Die Korrektion hat dementsprechend den gleichen absoluten Zahlenwert wie die Abweichung, aber das entgegen gesetzte Vorzeichen.

Systematische Messabweichungen liegen zum Beispiel vor, wenn die bei den Messungen verwendeten Messgeräte falsch geeicht oder kalibriert sind, wenn also beispielsweise das zu einer Längenmessung verwendete „Metermaß" tatsächlich etwa 999 mm oder 1002 mm lang ist oder wenn seine Skalenteilung ungleichmäßig ist. Eich- und Kalibrierfehler sind nur schwer zu erkennen; sie erfordern eine besondere Kontrolle der Messgeräte.

Systematische Abweichungen können aber auch durch das angewendete Messverfahren oder die Nichtberücksichtigung von Nebenumständen hervorgerufen werden

Die Beurteilung systematischer Abweichungen, die das Messergebnis meist einseitig verfälschen, erfordert eine kritische Analyse aller relevanten Umstände: Unvollkommenheiten des Messobjekts, der Messgeräte, der Maßverkörperungen, des Mess- und Auswertungsverfahrens, der Umwelteinflüsse, und nicht zuletzt der persönlichen Unzulänglichkeiten des Beobachters. Es ist eine wichtige Aufgabe des Prüfers, die systematischen Abweichungen zu erkennen, möglichst auszuschalten oder klein zu halten, auf alle Fälle aber ihre Auswirkung auf das Messergebnis abzuschätzen und am Messergebnis entsprechend Korrektionen anzubringen. [WAL-89]

Zufällige Messabweichungen

Zufällige Messabweichungen schwanken infolge nicht kontrollierbarer Zufallseinflüsse während des Messens nach Betrag und Vorzeichen, sie führen daher zu einer Streuung der Messwerte um einen Mittelwert.

Die zufällige Messabweichung eines einzelnen Messwertes kann nicht ermittelt und daher auch nicht berichtigt werden. Das Auftreten zufälliger Messabweichungen kann aber an der Streuung der Messwerte einer Wiederholmessreihe ohne zusätzliche Hilfsmittel erkannt werden. Wiederholmessreihen müssen unter gleich bleibenden Bedingungen mit der gleichen Messeinrichtung und dem gleichen Prüfgegenstand in unmittelbarer Folge aufgenommen werden.

Die Zufallsstreuung kann dementsprechend mittels statistischer Verfahren analysiert und beschrieben werden, unter anderem sind in diesem Kontext die Mittelwertsbildung, Berechnung der Standardabweichung sowie des Variationskoeffizienten zu nennen.

Aus der Streuung der Messwerte wird nach den Regeln der Statistik eine Messunsicherheit berechnet [DIN 1319, DIN 2257].

2.2.5 Fehlerrechnung

Die in der Messtechnik unausweichlich auftretende Unsicherheit der Messgrößen ist eine unmittelbare Folge der ungenauen Kenntnis, die man zum einen über das Vorzeichen und die Größe der zufälligen Einflüsse bei der Messung hat und zum anderen über die Korrekturen, die bei der Auswertung für systematische Einflüsse vorgenommen werden müssen.

Sie wird häufig in der Form von ± - Abweichungen vom Messwert angegeben, das heißt als symmetrisches Werteintervall um den Messwert. Der hierfür benötigte Kennwert setzt sich im Allgemeinen aus verschiedenen Unsicherheitsbeiträgen zusammen.

Die einzelnen Beiträge werden entweder aus den statistischen Parametern gewonnen, die sich aus wiederholten Beobachtungen ergeben, oder sie werden aus Ergebnissen abgeleitet, die bei früheren Messungen gewonnen wurden, die aus Hand- oder Datenbüchern entnommen wurden, die sich aus den allgemeinen Kenntnissen über die Messeinrichtungen, wie Herstellerspezifikationen, ergeben oder die einfach nur die Erfahrungen mit dem jeweiligen Messverfahren ausdrücken.

In den meisten Fällen sind die Werte wiederholter Beobachtungen nach der Gaußschen Kurve in einer Normalverteilung um den arithmetischen Mittelwert angeordnet. Das bedeutet, dass es wahrscheinlicher ist, dass die Werte näher beim Mittelwert als am äußeren Rand liegen.

Für wiederholte Beobachtungen erfolgt die Berechnung des Messwertes und der ihm beizuordnenden Messunsicherheit nach den Formeln der Statistik.

Der Messwert ist der arithmetische Mittelwert der beobachteten Werte; der Kennwert der Unsicherheit ist ihre experimentelle Standardabweichung.

2.2.5.1 Mittelwert

Der wahrscheinlichste Wert der Größe x ist der arithmetische Mittelwert $\bar{x}$ aller Messungen x_i [DIN 2257-Blatt 2].

$$\bar{x} = 1/n * \sum x_i \qquad\qquad \text{Gleichung 6}$$

2.2.5.2 Mittlere Abweichung

Die mittlere Abweichung ist ein Maß für die Streuung innerhalb einer Datengruppe und liefert die durchschnittliche absolute Abweichung einer Reihe von Merkmalsausprägungen und ihrem Mittelwert.

Es werden die Differenzen zum Mittelwert aufsummiert und dann durch die Anzahl der Werte dividiert, um eine mittlere Abweichung zum Standardwert zu erhalten

$$\hat{s} = 1/n * \sum (x_i - \bar{x}) \qquad\qquad \text{Gleichung 7}$$

2.2.5.3 Standardabweichungen

Die Standardabweichung ist ein Maß dafür, wie weit die jeweiligen Werte um den Mittelwert (Durchschnitt) streuen.

Berechnet wird die Standardabweichung ausgehend von der Grundgesamtheit. Es wird vorausgesetzt, dass alle Werte als Argumente gegeben werden.

Varianz einer Stichprobe bei Einfachdaten :

$$s^2 = s_x^2 = [1/(n-1)] * \sum (x_i - \overline{x})^2 = [1/(n-1)] * \left[\sum (x_i^2 - n\overline{x}^2) \right]$$

Gleichung 8

Standardabweichung

$$s = +\sqrt{s^2}$$

Gleichung 9

Standardabweichung des Mittelwertes :

$$\sigma_{\overline{x}} = \sqrt{[1/n(n-1)] * \sum (x_i - \overline{x})^2}$$ oder $$\sigma_{\overline{x}} = \sigma_{n-1}/\sqrt{n}$$

Gleichung 10 **Gleichung 11**

Quelle : [DUB-01]

2.2.6 Regressionsrechnung

Wird eine Größe y in Abhängigkeit von x gemessen, liegen also mehrere Messwertpaare vor, so ist es zweckmäßig y über x grafisch darzustellen, das heißt die Punkte in ein Koordinatensystem einzutragen, um einen Überblick über die Art des Zusammenhanges y(x) zu gewinnen.

Ist man in der Lage, eine Ausgleichsgerade zu erzeugen, so spricht man von linearer Regression. Das Bestimmtheitsmaß (Korrelationsfaktor) gibt ein Maß für die Genauigkeit der Näherungskurve an.

In diesem speziellen und besonders einfachen Fall einer Ausgleichsgerade

$$y(x) = c_1 + c_2 x \qquad\qquad\qquad \text{Gleichung 12}$$

spricht man von linearer Regression und erhält die Lösungsformeln

$$c_1 = \left(\sum y_i * \sum x_i^2 - \sum x_i * \sum x_i * y_i \right) / \left[n * \sum x_i^2 - \left(\sum x_i \right)^2 \right] = \overline{y} - c_2 * \overline{x}$$

$$= \overline{x^2} * \overline{y} - \overline{x} * \overline{xy} / (\overline{x^2} - \overline{x}^2)$$

Gleichung 13

$$c_2 = \left(n \sum x_i * y_i - \sum x_i * \sum y_i \right) / \left[n \sum x_i^2 - \left(\sum x_i \right)^2 \right]$$

$$= \left(\sum y_i * (x_i - \overline{x}) \right) / \sum (x_i - \overline{x})^2 = (\overline{xy} - \overline{x} * \overline{y}) / (\overline{x^2} - \overline{x}^2)$$

Gleichung 14

Quelle : [WAL-89]

Wenn die Auftragung der Wertepaare Zweifel daran aufkommen lässt, ob der Zusammenhang y(x) mit ausreichender Wahrscheinlichkeit durch eine Gerade beschrieben werden kann, ist die Berechnung des Korrelationskoeffizienten zweckmäßig:

$$r = \left(n \sum x_i * y_i - \sum x_i * \sum y_i \right) / \sqrt{\left[n \sum x_i^2 - \left(\sum x_i \right)^2 \right] * \left[n \sum y_i^2 - \left(\sum y_i \right)^2 \right]}$$

$$= (\overline{xy} - \overline{x} * \overline{y}) / \sqrt{(\overline{x^2} - \overline{x}^2) * (\overline{y^2} - \overline{y}^2)}$$

Gleichung 15

Quelle : [WAL-89]

|r| = 1 bedeutet, dass alle Punkte auf der Ausgleichsgerade liegen, r = 0, dass keine Gerade erkennbar ist.

54

2.3 Normen und Richtlinien zur Charakterisierung und Vermessung der Maschine

Das Deutsche Institut für Normung sowie der Verein Deutscher Ingenieure haben diverse Normen und Richtlinien zur Maschinenvermessung, sowie zur Abnahme und Charakterisierung herausgegeben. Hierin sind Testreihen, Messaufbauten und signifikante Prüfungen als Standard festgelegt.

Auf diese Regelwerke soll sich im Sinne einer reliablen und validen Ermittlung und Beurteilung der dynamischen Kenngrößen und Kennwerte die vorliegende Arbeit stützen.

2.3.1 DIN-Normen

Die wichtigste DIN-Norm im Kontext der Vermessung und Abnahme von numerisch gesteuerten Maschinen ist die DIN ISO 230, die die frühere Ausgabe DIN 8601 ersetzte. Es finden sich hierin die „Prüfregeln für Werkzeugmaschinen" (Haupttitel gemäß DIN-ISO 230) wieder.

Die Ausgabe ist in fünf Teile untergliedert:

Teil 1: Geometrische Genauigkeit von Maschinen, die ohne Last oder unter Schlichtbedingungen arbeiten

Teil 2: Bestimmung der Positionierunsicherheit und der Wiederholpräzision der Positionierung von numerisch gesteuerten Werkzeugmaschinenachsen

Teil 3: Bewertung von Wärmewirkung

Teil 4: Kreisformprüfungen für numerisch gesteuerte Werkzeugmaschinen

Teil 5: Bestimmung der Geräuschemission

Von besonderer Bedeutung für die dynamische Charakterisierung und Bewertung der Mikro-Fräsmaschine ist hierbei sicherlich Teil 1 und vor allem Teil 4, Teil 2 dieser Norm diente unter anderem als Grundlage für die statische Beurteilung.

DIN ISO 230 – 4 ist die Basis und zugleich Definitionsgrundlage der Testreihen zur Kreisformprüfung, aus der sowohl qualitative als auch quantitative Schlüsse gezogen werden können, vor allem der Bestimmung der Kreisform entsprechend dieser Norm gilt wesentliche Aufmerksamkeit.

2.3.2 VDI-Richtlinien

Vom Verein Deutscher Ingenieure wurde die Richtlinie VDI 3427 herausgegeben, die sich auf numerisch gesteuerte Arbeitsmaschinen konzentriert.

Der Haupttitel dieser Richtlinie „Dynamisches Verhalten von numerischen Bahnsteuerungen an Werkzeugmaschinen" bringt direkt die hohe Relevanz dieses Werkes für Struktur, Ablauf und Art der intendierten Messungen im Rahmen dieser Arbeit zum Ausdruck.

Die beschriebenen Versuchsreihen in VDI 3427 sowie die aus deren Auswertung resultierenden Schlussfolgerungen bilden einen wesentlichen Teil, quasi das Kernstück, der Werte und Kenngrößen, die zur aussagekräftigen Beschreibung der dynamischen Charakteristik der Mikro-Fräsmaschine ermittelt werden.

Die VDI-Richtlinie gliedert sich in zwei Teile:

> Blatt 1: Begriffe und Merkmale

> Blatt 2: Kenngrößen

Somit lässt sich VDI 3427 Blatt 1 als Einführung und Definition auffassen, es werden grundlegende Begrifflichkeiten sowie kennzeichnende Eigenschaften erläutert, um eine einheitliche Basis zu sichern.

VDI 3427 Blatt 2 hingegen fokussiert sich auf die Beschreibung der signifikanten Kenngrößen sowie deren Bedeutung und Einfluss auf das Verhalten der numerisch gesteuerten Werkzeugmaschinen.

Ferner werden Hinweise zur praktischen Erfassung der Messgrößen und Vorschläge zur Konzeption des Messaufbaues gegeben.

2.3.3 Einschätzung der vorgegebenen Regelwerke

Nach eingehender Analyse manifestierte sich deutlich, dass die Vermessung und Beurteilung von Werkzeugmaschinen nach einer einzigen Norm, respektive Richtlinie derzeit weder möglich noch praktikabel erscheint.

Folgerichtig müssen mehrere Regelwerke herangezogen werden, um eine umfassende und aussagekräftige Bewertung der Mikro-Fräsmaschine zu gewährleisten.

Es werden also die jeweils notwendigen Teile der entsprechenden Vorgaben herausgenommen und zu einem Versuchsplan, beziehungsweise Katalog an Kenngrößen, zusammengestellt.

An dieser Stelle sei ferner angemerkt, dass die Überprüfung der Vorschubkonstanz der Mikro-Fräsmaschine keinen genormten oder per VDI-Richtlinie festgelegten Test darstellt, sondern als Erweiterung und Ergänzung der gemäß dieser Quellen vorgeschlagenen Verfahren aufgefasst werden soll.

Das Gros der zu ermittelnden Kennwerte wird hierbei auf Grundlage der VDI-Richtlinie 3427 – Blatt 2 bestimmt und gewonnen, ergänzt wird dies unter anderem durch Kreisformtests gemäß DIN ISO 230 – 4.

2.3.4 Versuchsplan

Als Resultat der beschriebenen Analyse zur Verfügung stehender Regelwerke und Vorgaben ergeben sich folgende Prüfungen (Definitionen und Auswirkungen der zu messenden Größen sind Kapitel Begriffsbestimmung der Kennwerte und Versuchsplanung zu entnehmen) zur dynamischen Charakterisierung der Mikro-Fräsmaschine, die im Sinne einer aussagekräftigen Beurteilung und Messtechnisch realisierbaren Umsetzung zu einem Versuchsplan zusammengestellt wurden :

- ➢ Ermittlung der minimalen und maximalen Bahngeschwindigkeit [VDI 3427-Blatt 2]

- ➢ Bestimmung von Beschleunigungszeiten und –wegen [VDI 3427-Blatt 2]

- ➢ Bestimmung von Verzögerungszeiten und –wegen [VDI 3427-Blatt 2]

- ➢ Test der Vorschubkonstanz [eigene Überlegung]

- ➢ Messung der Positionierzeit [VDI 3427-Blatt 2]

- ➢ Erfassen des Funktionszusammenhanges zwischen Schleppabstand und Bahngeschwindigkeit [VDI 3427-Blatt 2]

> Bestimmung der Geschwindigkeitsverstärkung (K_v-Faktor) der Vorschubachsen [VDI 3427-Blatt 2]

> Berechnung der Grenzfrequenz [VDI 3427-Blatt 2]

> Messen der Kreisform [DIN ISO 230]

> Weitere Kreisformtests zur qualitativen Bewertung des geometrischen und kinematischen Verhaltens der numerischen Achsen [nach WEC-5/01]

2.4 Begriffsbestimmung der Kennwerte und Versuchsplanung

Nachdem aufgrund eingehender Analysen der vorhandenen DIN-Normen sowie VDI-Richtlinien ein Versuchsplan (siehe Kapitel Versuchsplan) erarbeitet wurde, der einen umfassenden Katalog an Messungen und Testreihen zur dynamischen Maschinencharakterisierung enthält, soll nun im folgenden auf die Bedeutung und Auswirkungen dieser Kennwerte und Größen in Bezug auf das interessierende Verhalten der Mikro-Fräsmaschine eingegangen werden.

Neben der Begriffsbestimmung sollen in diesem Kontext ferner die konkreten Umsetzungen und Messaufbauten geschildert und erläutert werden.

2.4.1 Vorbemerkung

Die VDI-Richtlinie 3427 beschreibt das System Bahnsteuerung als Gesamtheit aller Geräte, die in die Bahnerzeugung involviert sind.

Von besonderer Bedeutung unter dem Aspekt des dynamischen Verhaltens sind dementsprechend die Führungsgrößenerzeugung und die Istgrößenerzeugung, die zur Bahnerzeugung zusammengefasst werden.

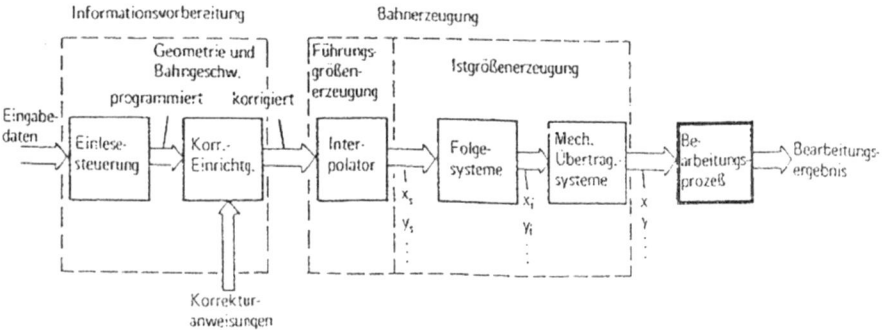

Abbildung 25 : Signalfluss längs des Wirkungsweges

Quelle : [VDI-3427-Blatt 1]

Im Folgenden werden daher zuerst solche wesentlichen Kenngrößen aufgeführt, die sich dem Zusammenwirken aller Komponenten ergeben und die somit Eigenschaften des Gesamtsystems Bahnerzeugung beschreiben.

2.4.2 Minimale und maximale Bahngeschwindigkeit

In Folge einer sehr klein werdenden Bahngeschwindigkeit können die gleichmäßigen Bewegungen an einer Werkzeugmaschine in ruckartige übergehen.

Die kleinste Bahngeschwindigkeit $u_{B\ min}$ wird ermittelt als diejenige Geschwindigkeit, bei der die Bewegung in Bahnrichtung noch ruckfrei verläuft, also ohne kurzzeitige Stillstände.

Als Kriterium hierfür findet der grundlegende physikalisch-mechanische Zusammenhang Anwendung, dass die erste Ableitung des Weges nach der Zeit gleich der zugehörigen Momentangeschwindigkeit ist.

Diese muss im gesamten Verfahrbereich der Maschine größer, im betrachteten Grenzfall gleich Null sein. Der Bereichsübergang wird dann als kleinste Bahngeschwindigkeit deklariert.

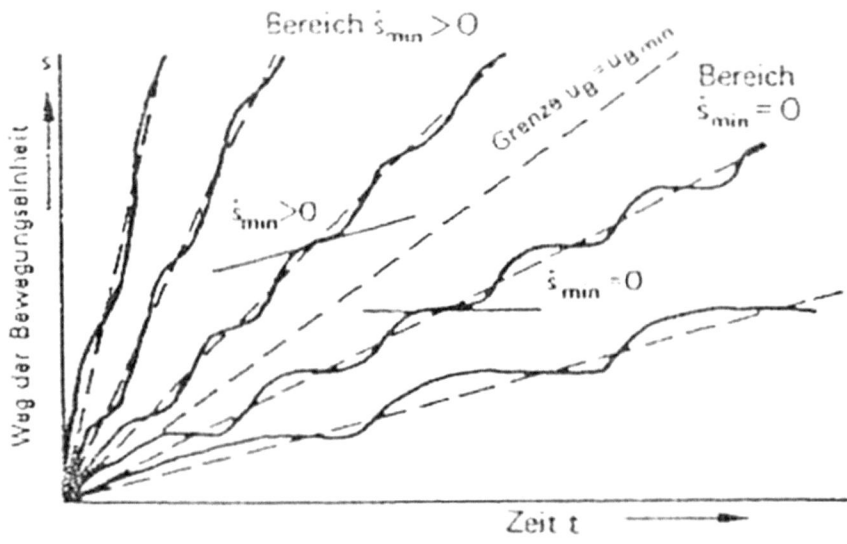

Abbildung 26 : Kleinste Bahngeschwindigkeit $u_{B\,min}$

Quelle . [VDI 3427-Blatt 2]

Die größte Bahngeschwindigkeit $u_{B\,max}$ definiert sich als diejenige Geschwindigkeit, bei der im Arbeitsbereich, der durch die bahngesteuerten Achsen gebildet wird, in jeder beliebigen Richtung verlaufende Bahnen erzeugt werden können.

Es ist davon auszugehen, dass die maximale Bahngeschwindigkeit mit der Eilganggeschwindigkeit zusammenfallen wird.

Die experimentelle Bestimmung der gesuchten Kenngrößen wird durch Registrierung des zurückgelegten Weges über der Zeit mit Hilfe des Renishaw-Laser-Interferometers erfolgen.

Die Messungen werden sowohl für die x- als auch für die y-Achse durchgeführt und zwar jeweils bei unbelasteter Maschine und bei Stellung der Bewegungseinheiten in der Mitte der jeweiligen Verfahrbereiche.

2.4.3 Beschleunigungs –und Verzögerungszeiten und –wege

Die Beschleunigungszeit T_B ist die Zeit, die zwischen dem Startkommando und dem Erreichen der Sollgeschwindigkeit verstreicht. Da diese Zunahme mathematisch betrachtet der Gesetzmäßigkeit eines exponentiellen Anstiegs entspricht, wird die Beschleunigungszeit bis zum Erreichen von 90% der Sollgeschwindigkeit angesehen. Analog zu dieser Bestimmung, begreift man die Verzögerungszeit T_V als Abbremsen auf 10% der Anfangsgeschwindigkeit seit Auslösen des Bremskommandos.

Der Beschleunigungs-, respektive Verzögerungsweg ist dann die Strecke, die während der zugehörigen Zeit T_B, beziehungsweise T_V von der Bewegungseinheit zurückgelegt wurde.

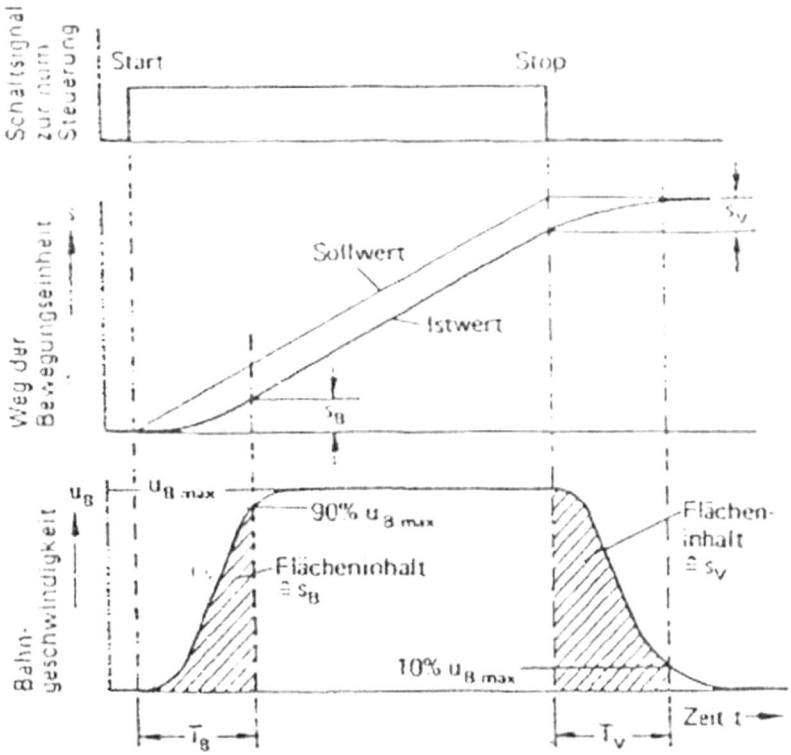

Abbildung 27 : Beschleunigungs –und Verzögerungszeiten und –wege
Quelle : [VDI 3427-Blatt 2]

Die Beschleunigungs – und Verzögerungszeiten und – wege eignen sich bei einer Maschine mit Bahnsteuerung zur Kennzeichnung der Reaktionsfähigkeit, die folgerichtig sowohl die Nebenzeiten als ebenfalls eine erhöhte Genauigkeit im bahngesteuerten Betrieb bedeuten.

61

Die Messung wird separat für x- und y-Achse durchgeführt, wobei jeweils die Abhängigkeit des zurückgelegten Verfahrweges von der Zeit aufgenommen und aus diesem funktionalen Zusammenhang dann der Geschwindigkeitsverlauf ermittelt wird.

Somit lassen sich durch diese Messanordnung, respektive den daraus resultierenden Messschrieben dann sowohl die Zeiten (aus dem v(t)-Diagramm) als auch die Wege (aus dem s(t)-Diagramm) entnehmen.

2.4.4 Vorschubkonstanz

Die Testreihe zur Überprüfung der Vorschubkonstanz ist weder in den DIN-Normen noch in den VDI-Richtlinien festgelegt, wurde aber dennoch in den Versuchsplan mitaufgenommen.

Die zugehörigen Messungen sollen Aufschluss darüber geben, ob die Mikrofräsmaschine nach entsprechendem Beschleunigungsvorgang ihre vorgegebene Sollgeschwindigkeit hält, beziehungsweise aufzeigen, wie genau diese erreicht wird.

Ferner lassen es die Messungen zur Vorschubkonstanz zu, die Regelgüte der Steuerung zu beurteilen. Diese Größe ist als das Verhältnis der Differenz zwischen Ist- und Sollgeschwindigkeit zur Sollgeschwindigkeit definiert.

Die interessierenden Werte resultieren aus demselben Messaufbau wie zur Ermittlung der Beschleunigungs –und Verzögerungszeiten und –wege. Hierbei wird aus dem Geschwindigkeits-Zeit-Zusammenhang nach dem Beschleunigungsvorgang und vor dem Abbremsen die Ist-Geschwindigkeit untersucht.

2.4.5 Positionierzeit

Die Positionierzeit T_P ist die von einer Bahnsteuerung benötigte Zeit, um von einem fest definierten Ausgangspunkt zu einem festgelegten Endpunkt positionsgenau zu fahren. Hierbei herrscht sowohl zu Beginn als auch am Ende des Bewegungsvorganges völliger Stillstand der Maschine.

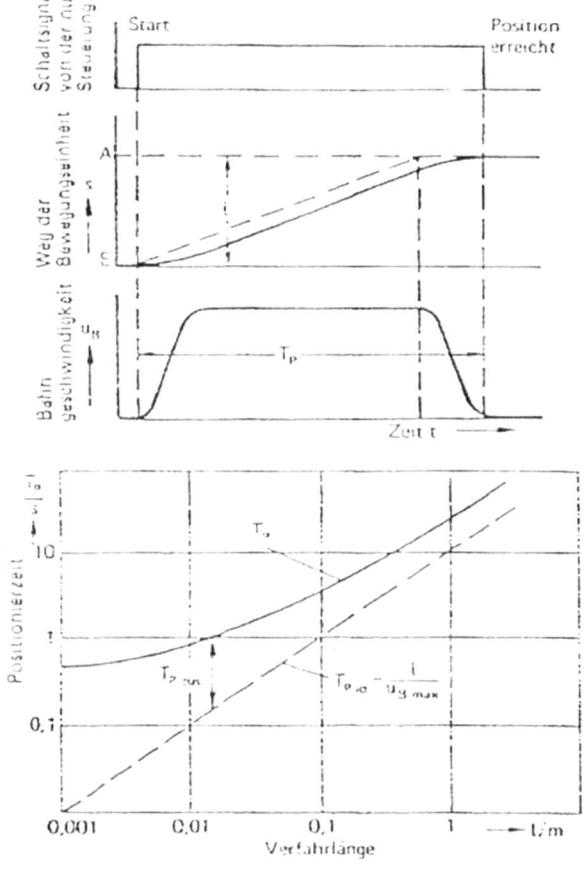

Abbildung 28 : Zeitlicher Ablauf eines Positioniervorganges und Auswertung der Positionierzeit
Quelle : [VDI 3427-Blatt 2]

T_P setzt sich aus einer Idealzeit zusammen (dies würde dem Durchlaufen des Start – und Zielpunktes entsprechen) sowie einer Zusatzzeit, die signifikant für den Zeitverlust bei Beschleunigung, beziehungsweise Verzögerung und ergo die Dynamik der Bahnsteuerung ist.

Die Bestimmung der Positionierzeit ist besonders unter dem Aspekt relevant, dass ein großer Teil der Programmabläufe, die die Bahnsteuerung ausführt, Positioniervorgänge sind. Somit ermöglicht es die Kenntnis bezüglich der Positionierzeit, den Zeitbedarf für Programmabläufe abzuschätzen, denn vor allem im Hinblick auf Programme, bei denen das Verfahren von kleinen Weginkrementen den Hauptteil darstellt, überwiegt eventuell die Zusatzzeit.

Zur Ermittlung der Positionierzeit wird eine Kette aufeinander folgender Bahnelemente unterschiedlicher Länge programmiert und der Geschwindigkeitsverlauf beim Abarbeiten des Programmes mit dem Renishaw-Laser-Interferometer registriert und zwar unter Beschränkung auf achsparallel verlaufende Bahnelemente, so dass die Messung in den einzelnen Achsrichtungen erfolgen kann.

2.4.6 Schleppabstand

Die tatsächliche Position des auf der erzeugten Bahn bewegten Werkzeugs oder Werkstückes eilt der von der Führungsgrößenerzeugung vorgegebenen Sollposition nach. Man versteht demzufolge unter dem Schleppabstand die Differenz zwischen Lagesollwert und Lageistwert:

$$\Delta x = x_{Soll} - x_{Ist} \qquad\qquad \text{Gleichung 16}$$

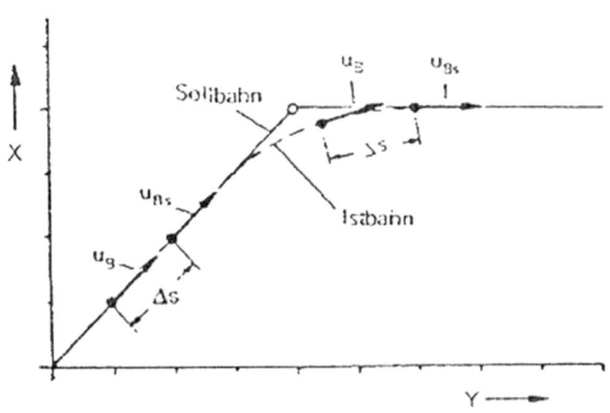

Abbildung 29 : Auswirkung des Schleppabstandes auf Bahnabweichungen
Quelle : [VDI 3427-Blatt 2]

Sofern die Geschwindigkeitsverstärkungen in allen an der Bahnerzeugung beteiligten Achsen gleich groß sind und solange sich die Verfahrrichtung nicht ändert, bewirkt dieses Nachschleppen der Istposition keine Abweichung von der Sollbahn. Erst wenn diese Voraussetzungen nicht erfüllt sind, können Bahnabweichungen verursacht werden.

64

Wegen ihres Zusammenhanges mit dem geschwindigkeitsabhängigen Schleppabstand werden diese denn auch als Geschwindigkeitsfehler bezeichnet.

Die numerische Bahnsteuerung der Mikro-Fräsmaschine bietet die Möglichkeit, den aktuellen Schleppabstand selbst festzustellen und anzuzeigen zu lassen.

2.4.7 Geschwindigkeitsverstärkung

Der Abstand zwischen Soll – und Istposition, der Schleppabstand, hängt von der Bahngeschwindigkeit und von der Geschwindigkeitsverstärkung K_V ab.

Die Geschwindigkeitsverstärkung ist der wichtigste Kennwert für das Verhalten des Lageregelkreises sowie zur Beschreibung der Folgesysteme. Sie ist die charakteristische und wesentliche Einflussgröße für die dynamischen Bahnabweichungen linearer Art. Zudem gilt sie als Maß für eingestellte Dämpfung des Regelkreises, gibt also an, ob eine Maschine dynamisch betrachtet hart (hoher Wert der Geschwindigkeitsverstärkung) oder weich (niedriger Wert der Geschwindigkeitsverstärkung) abgestimmt ist. [KIE-01]

Die Geschwindigkeitsverstärkung sollte einen Wert über 1 annehmen, um ein Kriechen der Maschine zu verhindern, andererseits würde ein zu hoher K_v-Faktor die Achse zum Schwingen anregen und zu instabilem Regelverhalten führen. [KIE-01]

Die Einstellung des K_V-Faktors erfolgt bei der Inbetriebnahme der Werkzeugmaschine und ist definiert als das Verhältnis von Istgeschwindigkeit zum Schleppabstand:

$$K_V = u_B / \Delta s \qquad \textbf{Gleichung 17}$$

Es kann als Normalfall erachtet werden, dass dieser Quotient im gesamten Geschwindigkeitsbereich konstant ist, das heißt, dass die zugehörige Kennlinie linear verläuft :

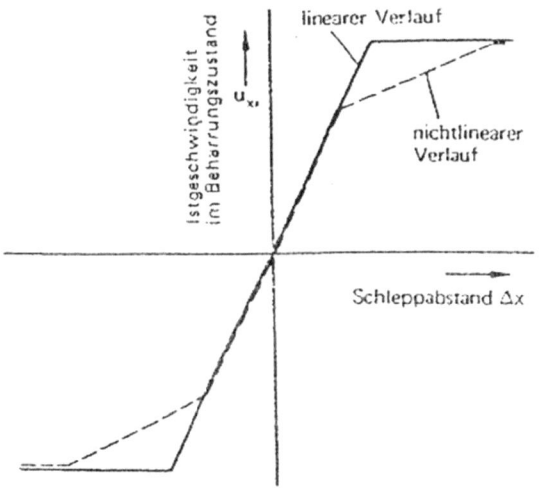

Abbildung 30 : Beispiel des linearen und nichtlinearen Verlaufes einer Kennlinie $u_{xi} = f(\Delta x)$

Quelle : [VDI 3427-Blatt 2]

Entsprechend des oben stehenden Diagramms (Abbildung 30) wird zur Bestimmung der Geschwindigkeitsverstärkung folgendermaßen vorgegangen: Der beim Abfahren einer achsparallelen Strecke mit über 70 verschiedenen Bahngeschwindigkeiten von der Steuerung angezeigte Schleppabstand wird gemäß dem Formelzusammenhang (Gleichung 17) in Relation zu den betreffenden Bahngeschwindigkeiten gesetzt.

Neben der Ermittlung des konkreten Wertes für den K_V-Faktor der x – und y – Achse sollen hiermit ebenfalls etwaige Abweichungen der dynamischen Konfiguration der beiden Achsen erkannt werden, die sich in einem deutlichen Unterschied der Geschwindigkeitsverstärkungen bemerkbar machen würden.

Eine derartige Abstimmung würde besonders beim Verfahren hoher Vorschübe sowie Bahnen mit scharfen Konturänderungen, beispielsweise Ecken und Kreise, negative Auswirkungen auf die Genauigkeit als Konsequenz nach sich ziehen.

2.4.8 Grenzfrequenz

Der Lageregelkreis weist insgesamt den Charakter eines Tiefpasses auf, dessen dynamisches Verhalten durch die Grenzfrequenz beschrieben wird.

Die Grenzfrequenz f_{gL} eines Lageregelkreises ist diejenige Frequenz einer sinusförmigen Sollwertänderung, bei der diese noch weitgehend ohne Amplitudenverlust übertragen werden kann. [VDI 3427-Blatt 2]

Die Grenzfrequenz kann rechnerisch aus der Geschwindigkeitsverstärkung bestimmt werden, so dass sich eine Messung erübrigt :

$$f_{gL} = K_V / (2 * \pi) \qquad\qquad \textbf{Gleichung 18}$$

Speziell beim Kreisfahren führt die Verwendung des Begriffes der Grenzfrequenz zu einer anschaulicheren Betrachtungsweise als die Geschwindigkeitsverstärkung.

2.4.9 Kreisformabweichung

Gemäß DIN ISO 230-4 definiert sich die Kreisformabweichung als minimaler Abstand zweier konzentrischer Kreise, welche wie in Abbildung 31 gezeigt die Istbahn einschließen (Ausgleichkreise nach Tschebyscheff) und der als größte radiale Spanne um den best eingepassten Kreis (Ausgleich nach Gauß) bestimmt werden kann.

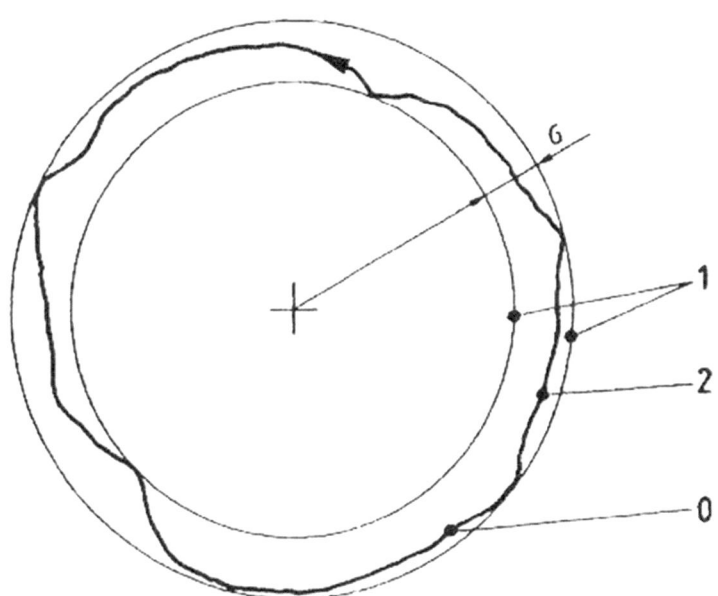

Abbildung 31 : Auswertung der Kreisformabweichung
Quelle : [DIN ISO 230-4]

Legende :

+   Mittelpunkt der Ausgleichskreise nach Tschebyscheff

0   Startpunkt

1   Tschebyscheff-Kreise

2   Istbahn

Die Kreisformabweichung ist dementsprechend die Differenz zwischen der größten Abweichung nach außen und der größten Abweichung nach innen vom genauesten Kreis oder Bogen. Er ist also die Radiusvariation des Werkzeugweges entlang der Kreis- oder Bogenlinie.

Die Messungen werden mit dem Kreisformtester (Quick-Ballbar-Check) der Firma Renishaw durchgeführt und mit der zugehörigen Auswertesoftware sowohl als konkrete Zahlenwerte wie auch zur qualitativen Analyse mittels Polardiagramm dargestellt.

3 Versuchsdurchführung

3.1 Beschreibung der Mikro-Fräsmaschine

Die zu vermessende Maschine ist eine numerisch gesteuerte 3-Achs-Fräsmaschine, ausgestattet mit einer CNC-Steuerung der Firma NUM Güttingen.

Sie besteht aus einem Maschinenbett und einem darauf aufgeschraubten Ständer. Beide Gestellkomponenten sind als Stahlschweißkonstruktion ausgeführt. Auf dem Maschinenbett sind X- und Y -Achse als Kreuztisch angeordnet. Die Z-Achse ist in den Ständer der Maschine integriert. Die variabel austauschbare Hauptspindel liegt in Z-Achsrichtung.

Sämtliche Vorschubachsen sind von ihrem Aufbau her identisch. Sie unterscheiden sich lediglich in ihren Verfahrwegen: X: circa 350mm, Y: circa 120mm, Z: circa 220mm.

Die Maschinenschlitten sind durch Profilschienenführungen mit Nadelkäfigen gelagert. Zur Erzeugung der Vorschubbewegung sind Planetenrollengewindespindeln mit einer Steigung von 1 mm eingesetzt. Die Spindeln werden in einer Fest-Los-Lagerung geführt.

Die Vorschubmotoren sind als bürstenlose Servomotoren ausgeführt. Sie sind über Faltenbalgkupplungen direkt mit den Vorschubspindeln verbunden.

Bei der Mikrofräsmaschine können zwei Spindeln zum Einsatz kommen, um somit den benötigten großen Drehzahlbereich abzudecken. Die wälzgelagerte Arbeitsspindel weist einen möglichen Drehzahlbereich von minimal 50 U/min bis maximal 6000 U/min auf. Die Hochleistungsspindel ist mit einer Kugellagerung aus Keramikwälzkörpern ausgestattet und erreicht eine Maximaldrehzahl von 160000 U/min.

In die Maschine ist ein direktes Maßstabssystem mit einer Auflösung von 0,1 μm integriert. Die Maßverkörperung stellt ein Glasmaßstab mit einem Längenausdehnungskoeffizienten von 8μm/mK dar.

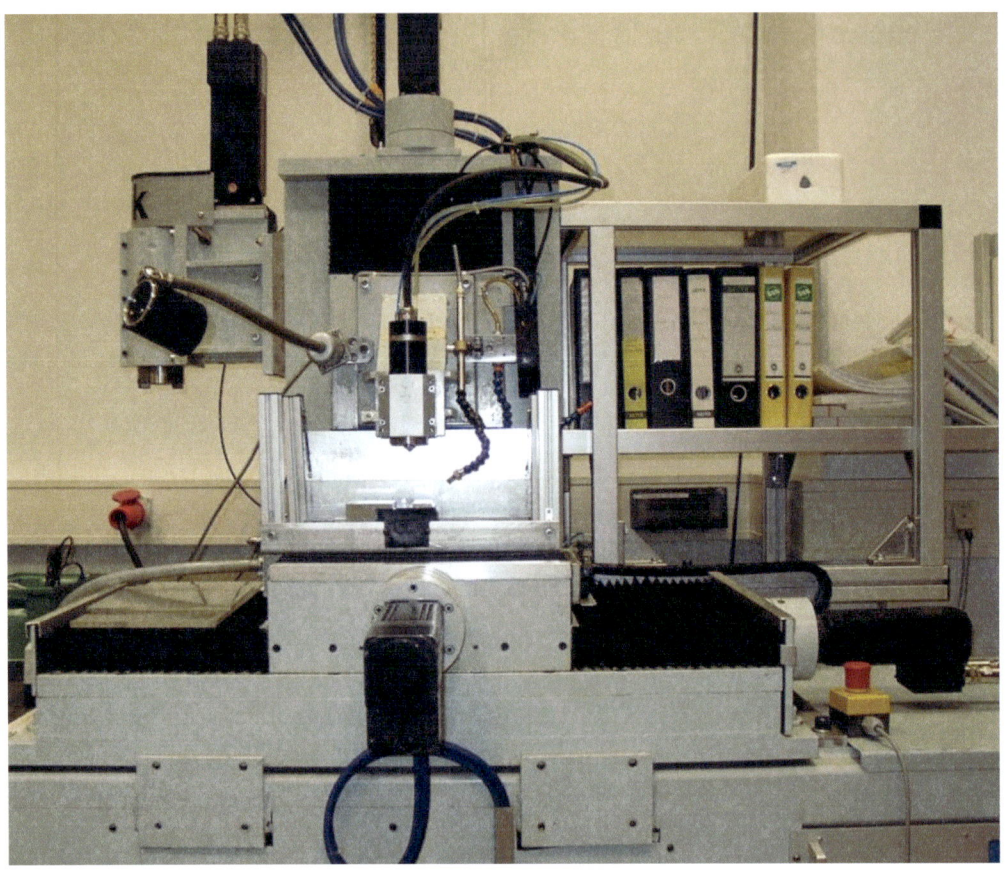

Abbildung 32 : Mikro-Fräsmaschine

Quelle : [MON-99]

3.2 Vermessung der Maschine

Gemäß den Erläuterungen aus Kapitel 2 wurden folgende Testreihen und Prüfungen zu einem Versuchsplan zusammengestellt:

➢ Ermittlung der minimalen und maximalen Bahngeschwindigkeit

➢ Bestimmung von Beschleunigungszeiten und –wegen

➢ Bestimmung von Verzögerungszeiten und –wegen

➢ Test der Vorschubkonstanz

➢ Messung der Positionierzeit

➢ Erfassen des Funktionszusammenhanges zwischen Schleppabstand und Bahngeschwindigkeit

- ➢ Bestimmung der Geschwindigkeitsverstärkung (K_v-Faktor) der Vorschubachsen

- ➢ Berechnung der Grenzfrequenz

- ➢ Messen der Kreisform

- ➢ Weitere Kreisformtests zur qualitativen Bewertung des geometrischen und kinematischen Verhaltens der numerischen Achsen

3.2.1 Minimale und maximale Bahngeschwindigkeit

Zur Ermittlung der minimalen Bahngeschwindigkeit wurden separat für x- und y-Achse die Messungen mit Hilfe des Renishaw-Laser-Interferometers durchgeführt.

Hierbei wurde die Positionsänderung über der Zeit erfasst und zwar solange nach einem iterativen Verfahren, bis die Abbruchbedingung - $ds/dt \leq 0$ - erreicht wurde.

Die somit gefundene Geschwindigkeit entspricht der gesuchten Größe Minimale Bahngeschwindigkeit.

Die beiden nachstehenden Diagramme illustrieren die Begebenheiten für x- und y-Achse:

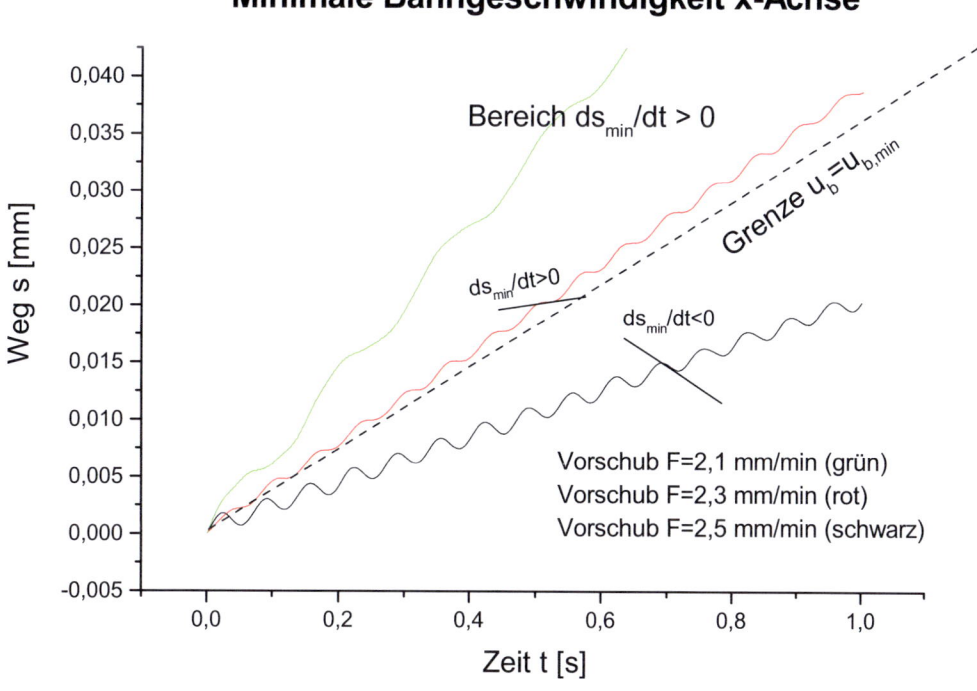

Diagramm 1 : Minimale Bahngeschwindigkeit x-Achse

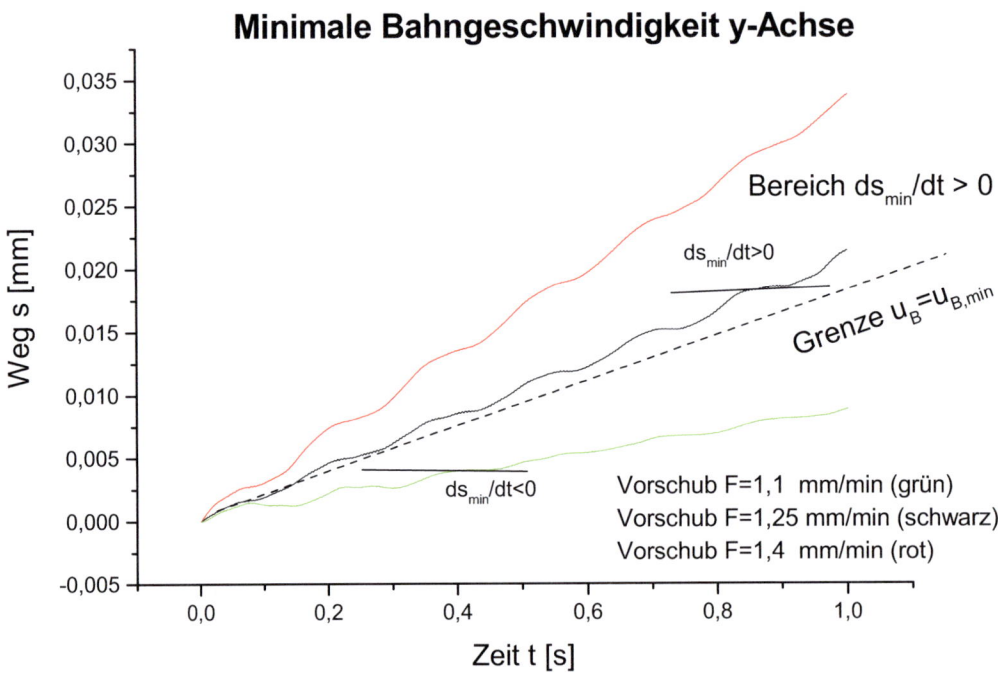

Diagramm 2 : Minimale Bahngeschwindigkeit y-Achse

Es folgt hieraus:

$u_{B\ min,\ x-Achse}$:   2,3 mm/min

$u_{B\ min,\ y-Achse}$:   1,25 mm/min

Die Unterschiede der Minimalen Bahngeschwindigkeiten in x- und y-Achse lassen sich wohl auf zwei wesentliche Unterschiede, die im konstruktiven Aufbau der Mikro-Fräsmaschine begründet sind, zurückführen.

i)   Die x-Achse hat einen Verfahrweg von ca. 350 mm, die y-Achse hingegen lediglich ca. 120 mm. Diese deutliche Differenz wirkt sich sicherlich auf die Steifigkeit der Achsen aus und beeinflusst dementsprechend die x-Achse negativ.

72

ii) Ferner wurde der y-Tisch quasi auf den x-Tisch „aufgesattelt" (vergleiche Abbildung 33), dies bedeutet, in x-Richtung ist eine erheblich höhere Masse zu bewegen als dies in y-Richtung der Fall ist.

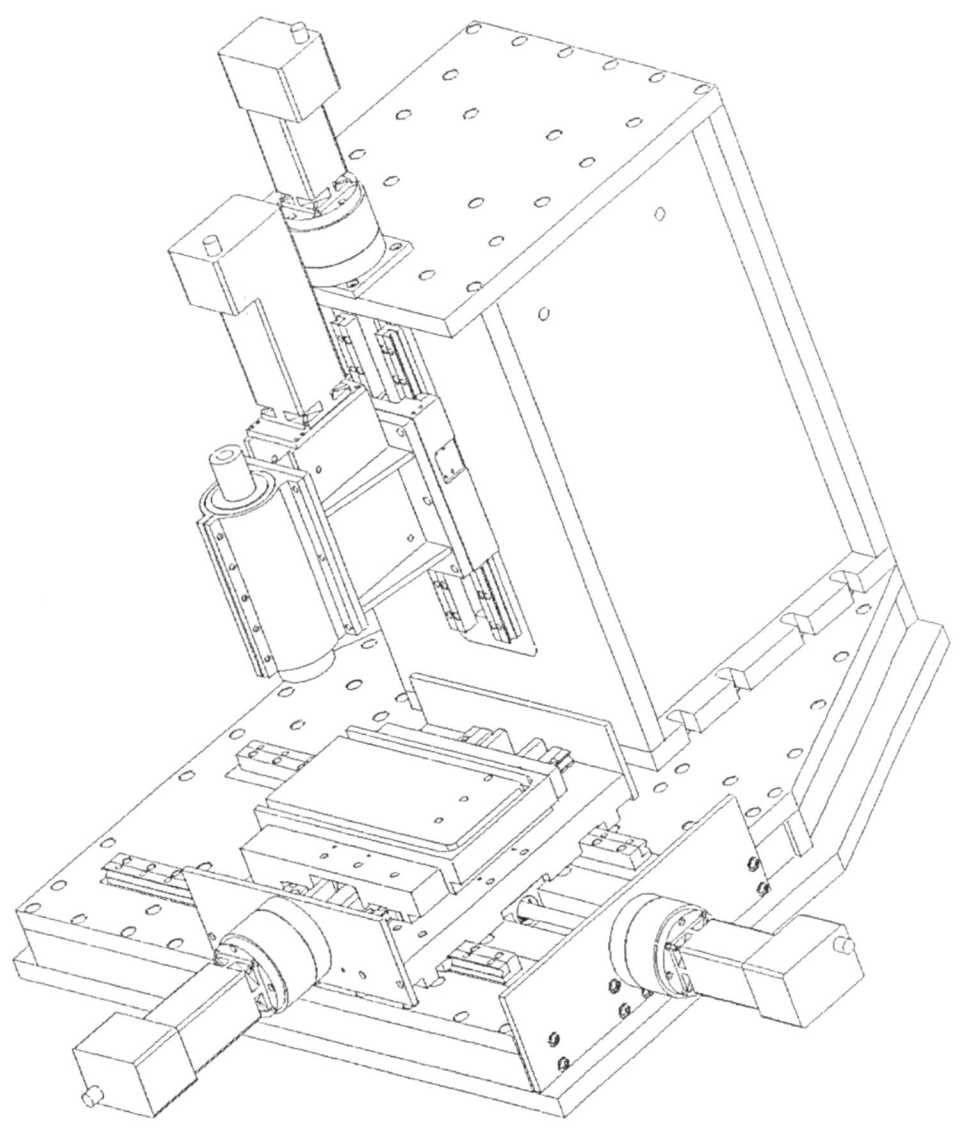

Abbildung 33 : 3D-Konstruktionsansicht der Mikro-Fräsmaschine
Quelle : [MUN-98]

Die geschilderten Schlussfolgerungen lassen sich zudem durch die Ergebnisse der Messungen zu Beschleunigungs –und Verzögerungszeiten und –wege (vergleiche

Kapitel Beschleunigungs –und Verzögerungszeiten und –wege) belegen. Anhand dieser Testreihen lässt sich konstatieren, dass die y-Achse eine höhere Dynamik aufzuweisen vermag als die x-Achse.

Zur Bestimmung der Maximalen Bahngeschwindigkeit wurde die Mikro-Fräsmaschine auf achsparalleles Verfahren im Eilgang (G 00) programmiert und der Vorschubpotentiometer auf 120% (Maximum) eingestellt.

Die resultierende Bewegung wurde wiederum laserinterferometrisch aufgenommen und der Messschrieb hinsichtlich der erreichten und gehaltenen Geschwindigkeit ausgewertet.

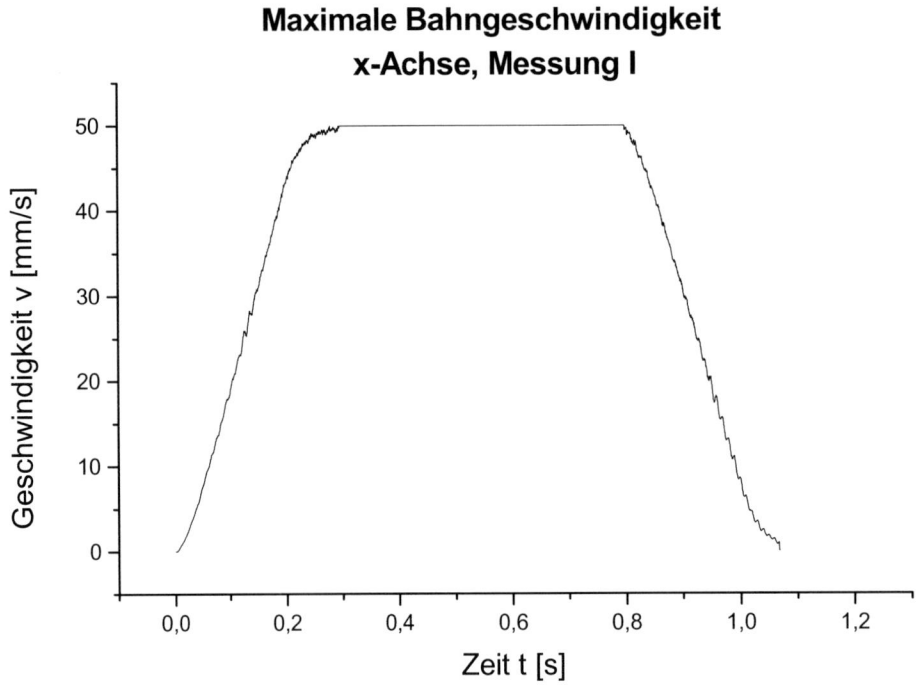

Diagramm 3 : Maximale Bahngeschwindigkeit x-Achse

Um die Reproduzierbarkeit sowie die statistische Absicherung zu gewährleisten, wurden für die x- und die y-Achse je drei Messungen zur Bestimmung der Maximalen Bahngeschwindigkeit durchgeführt.

Der Übersichtlichkeit halber ist jedoch nur eines der zugehörigen Diagramme aufgeführt, die übrigen befinden sich im Anhang.

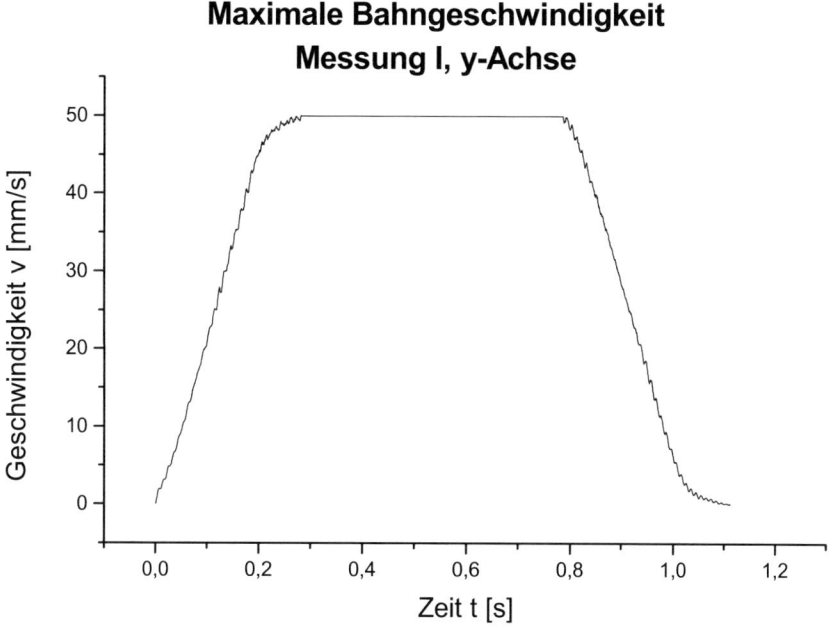

Diagramm 4 : Maximale Bahngeschwindigkeit y-Achse

Es ergaben sich durch Mittelwertsbildung der einzelnen Messreihen folgende Maximalen Bahngeschwindigkeiten:

$U_{B\ max,\ x\text{-}Achse}$:   49,84 mm/s = 2990,4 mm/min

$U_{B\ max,\ y\text{-}Achse}$:   49,76 mm/s = 2985,6 mm/min

Es lässt sich also erkennen, dass bei einer Geschwindigkeit von 3 m/min kein Einfluss des Vorschubpotentiometers mehr vorhanden ist.

3.2.2 Beschleunigungs –und Verzögerungszeiten und –wege

Zur Erfassung dieser Kenngrößen wurde die SPS-Einheit der Mikro-Fräsmaschine über eine Triggerbox mit dem Renishaw-Laser-Interferometer verbunden. Es war somit möglich, über einen entsprechend gewählten Startbefehl (M-Befehl nach DIN ISO 66025), dem Messgerät zu signalisieren, dass nun die zu registrierende Verfahrbewegung eingeleitet wird, woraus folgerichtig ein präzise definierter Zeitnull-punkt resultierte.

Auf der Basis einer linearen Positionsmessung wurde bei achsparallelem Verfahren in x-, beziehungsweise y-Richtung der zurückgelegte Weg s über der Zeit t aufge-nommen.

Aus diesem Datensatz konnten mittels einmaligem Differenzierens nach der Zeit dann die Daten der Geschwindigkeit v zur Zeit t gewonnen werden.

Entsprechend den erläuterten Definitionen nach VDI-Richtlinie 3427 ließen sich schließlich die gesuchten Kenngrößen Beschleunigungs –und Verzögerungszeiten und –wege aus den Weg-Zeit-, respektive Geschwindigkeits-Zeit-Messdatensätzen sowie Diagrammen ermitteln.

Die Versuchsreihen wurden für folgende Geschwindigkeiten separat für x- und y-Achse durchgeführt:

- ➢ 30 mm/min
- ➢ 100 mm/min
- ➢ 200 mm/min
- ➢ 500 mm/min
- ➢ 1000 mm/min
- ➢ 3000 mm/min (Eilgang)

Bezüglich der Darstellung gilt auch hier wiederum, dass lediglich eines zur Veran-schaulichung der Vorgehensweise eingebunden wird, alle weiteren Schaubilder sind im Anhang aufgeführt.

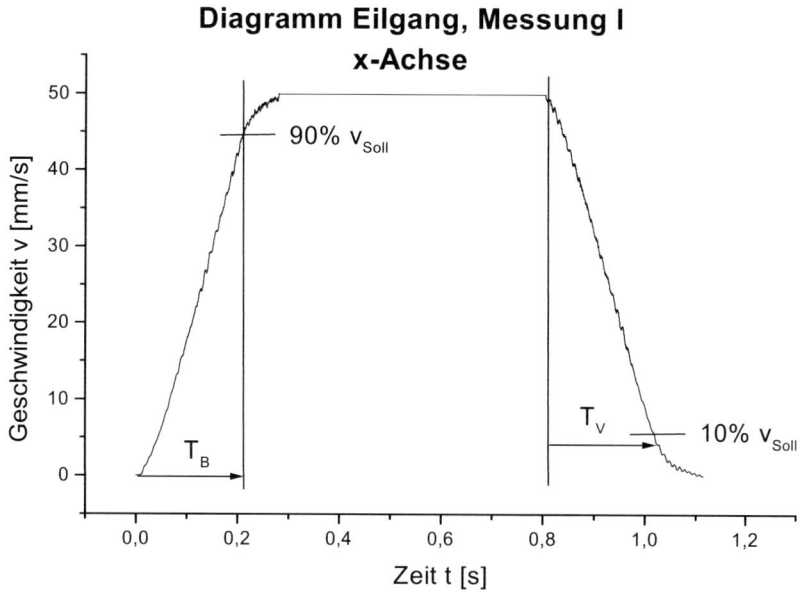

Diagramm 5 : v(t)-Schaubild

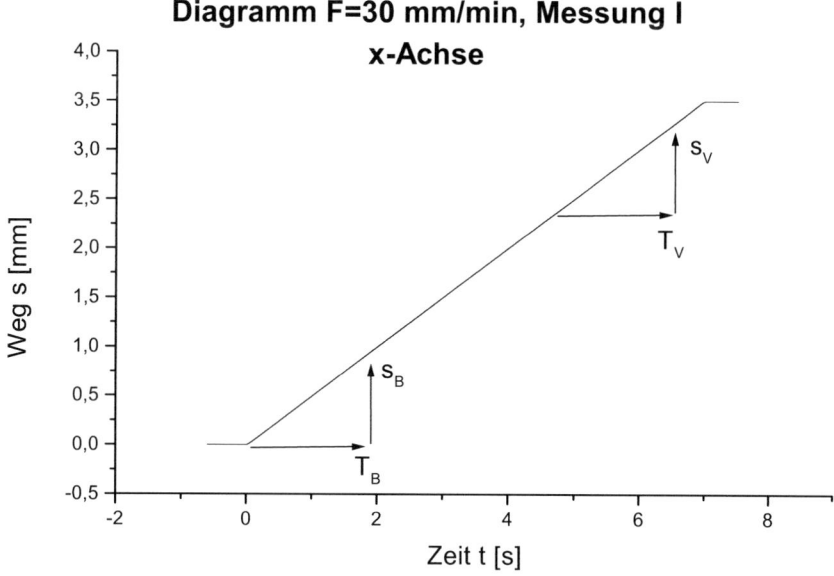

Diagramm 6 : s(t)-Schaubild

Die sich ergebenden Werte und Kenngrößen werden nachfolgend in tabellarischer Darstellung eingebracht:

v [mm/min]	Beschleunigungszeit T_b [s] Messung 1	Beschleunigungszeit T_b [s] Messung 2	Beschleunigungszeit T_b [s] Messung 3	Beschleunigungszeit T_b [s] Mittelwert
30	0,0678	0,0414	0,0336	0,0476
100	0,0756	0,0756	0,0746	0,0753
200	0,0694	0,0692	0,0584	0,0657
500	0,0778	0,0768	0,077	0,0772
1000	0,0902	0,0908	0,1016	0,0942
Eilgang F3000	0,2122	0,2108	0,204	0,209

Tabelle 1 : Beschleunigungszeiten x-Achse

v [mm/min]	Beschleunigungsweg s_b [mm] Messung 1	Beschleunigungsweg s_b [mm] Messung 2	Beschleunigungsweg s_b [mm] Messung 3	Beschleunigungsweg s_b [mm] Mittelwert
30	0,019	0,018	0,01	0,015
100	0,087	0,086	0,059	0,076
200	0,142	0,142	0,115	0,133
500	0,341	0,328	0,332	0,333
1000	0,784	0,783	0,821	0,796
Eilgang F3000	4,242	4,215	4,197	4,218

Tabelle 2 : Beschleunigungswege x-Achse

v [mm/min]	Verzögerungszeit T_v [s] Messung 1	Verzögerungszeit T_v [s] Messung 2	Verzögerungszeit T_v [s] Messung 3	Verzögerungszeit T_v [s] Mittelwert
30	0,0676	0,0422	0,0334	0,0477
100	0,07	0,0712	0,0748	0,072

200	0,0804	0,0814	0,0776	0,0798
500	0,0898	0,088	0,0892	0,089
1000	0,1084	0,108	0,1072	0,1078
Eilgang F3000	0,2166	0,2108	0,219	0,2154

Tabelle 3 : Verzögerungszeiten x-Achse

v [mm/min]	Verzöger-ungsweg s_v [mm] Messung 1	Verzöger-ungsweg s_v [mm] Messung 2	Verzöger-ungsweg s_v [mm] Messung 3	Verzöger-ungsweg s_v [mm] Mittelwert
30	0,012	0,012	0,013	0,012
100	0,054	0,051	0,056	0,054
200	0,128	0,129	0,134	0,129
500	0,361	0,351	0,358	0,357
1000	0,935	0,929	0,972	0,945
Eilgang F3000	6,205	6,212	6,349	6,256

Tabelle 4 : Verzögerungswege x-Achse

v [mm/min]	Beschleuni-gungszeit T_b [s] Messung 1	Beschleuni-gungszeit T_b [s] Messung 2	Beschleuni-gungszeit T_b [s] Messung 3	Beschleuni-gungszeit T_b [s] Mittelwert
30	0,058	0,058	0,0584	0,0581
100	0,0672	0,0688	0,068	0,068
200	0,0528	0,0528	0,0526	0,0527
500	0,0792	0,079	0,0792	0,0791
1000	0,0952	0,0898	0,085	0,09
Eilgang F3000	0,1888	0,1874	0,1762	0,1841

Tabelle 5 : Beschleunigungszeiten y-Achse

v [mm/min]	Beschleunigungsweg s_b [mm] Messung 1	Beschleunigungsweg s_b [mm] Messung 2	Beschleunigungsweg s_b [mm] Messung 3	Beschleunigungsweg s_b [mm] Mittelwert
30	0,018	0,017	0,017	0,017
100	0,073	0,066	0,066	0,068
200	0,081	0,080	0,080	0,080
500	0,284	0,282	0,283	0,283
1000	0,569	0,569	0,527	0,556
Eilgang F3000	3,681	3,454	3,981	3,705

Tabelle 6 : Beschleunigungswege y-Achse

v [mm/min]	Verzögerungszeit T_v [s] Messung 1	Verzögerungszeit T_v [s] Messung 2	Verzögerungszeit T_v [s] Messung 3	Verzögerungszeit T_v [s] Mittelwert
30	0,059	0,0598	0,0598	0,0595
100	0,06103	0,0654	0,0656	0,0640
200	0,054	0,0522	0,0524	0,0528
500	0,0556	0,0554	0,0558	0,0556
1000	0,0844	0,0846	0,0874	0,0854
Eilgang F3000	0,1956	0,2044	0,2048	0,2016

Tabelle 7 : Verzögerungszeiten y-Achse

v [mm/min]	Verzögerungsweg s_v [mm] Messung 1	Verzögerungsweg s_v [mm] Messung 2	Verzögerungsweg s_v [mm] Messung 3	Verzögerungsweg s_v [mm] Mittelwert
30	0,013	0,013	0,013	0,013

100	0,051	0,050	0,050	0,050
200	0,078	0,078	0,073	0,077
500	0,257	0,256	0,258	0,257
1000	0,843	0,849	0,792	0,828
Eilgang F3000	5,668	5,843	5,738	5,749

Tabelle 8 : Verzögerungswege y-Achse

3.2.3 Vorschubkonstanz

Zur Bestimmung dieser Kenngröße wird auf das zur Ermittlung der Beschleunigungs –und Verzögerungszeiten und –wege aufgenommene Datenmaterial zurückgegriffen.

Gemäß nachstehendem Schaubild wurde per Mittelwertsbildung vom Anfangspunkt A (Erreichen der Sollgeschwindigkeit) bis zum Endpunkt E (Beginn der Verzögerung, Bremssignal aus Triggerbox) der gefahrene Vorschub errechnet:

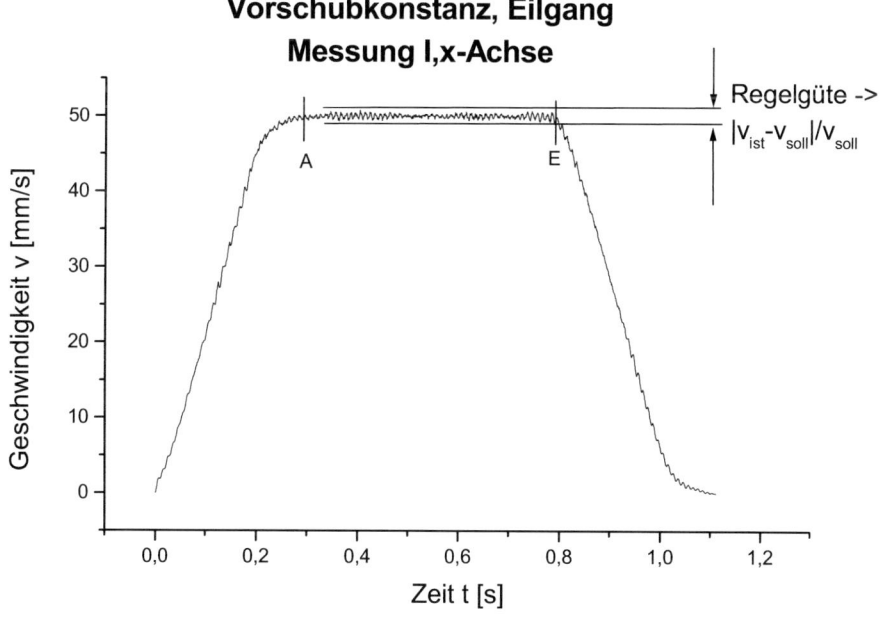

Diagramm 7 : Darstellung Vorschubkonstanz

Die Durchführung wurde wiederum für folgende Vorschübe je dreimal wiederholt und nachstehend tabellarisch für x- und y-Achse ausgewertet:

- ➢ 30 mm/min

- ➢ 100 mm/min

- ➢ 200 mm/min

- ➢ 500 mm/min

- ➢ 1000 mm/min

- ➢ 3000 mm/min (Eilgang)

V_{Soll} [mm/min]	Vorschub-konstanz Messung 1 [mm/min]	Vorschub-konstanz Messung 2 [mm/min]	Vorschub-konstanz Messung 3 [mm/min]	Vorschub-konstanz Mittelwert [mm/min]	Relative Abweichung $\Delta v/v_{Soll}$ [%]
30	30,230	30,165	30,171	30,189	0,63
100	100,675	100,675	101,143	100,831	0,83
200	201,352	201,352	201,373	201,359	0,68
500	503,362	503,353	503,387	503,367	0,67
1000	1006,644	1006,418	1006,717	1006,593	0,66
Eilgang 3000	2995,585	2998,044	2996,276	2996,635	0,21

Tabelle 9 : Vorschubkonstanz x-Achse

V_{Soll} [mm/min]	Vorschub-konstanz Messung 1 [mm/min]	Vorschub-konstanz Messung 2 [mm/min]	Vorschub-konstanz Messung 3 [mm/min]	Vorschub-konstanz Mittelwert [mm/min]	Relative Abweichung $\Delta v/v_{Soll}$ [%]
30	30,203	30,203	30,203	30,203	0,68
100	100,705	100,705	100,705	100,705	0,71

200	201,251	201,251	201,251	201,2518	0,63
500	503,229	503,229	503,229	503,229	0,65

Tabelle 10 : Vorschubkonstanz y-Achse

3.2.4 Positionierzeit

Analog zu den grundlegenden Erläuterungen gemäß Kapitel 2.3.5 wurde zur Bestimmung der Positionierzeit ein NC-Programm geschrieben, das die Maschine eine
Kette unterschiedlich langer Weginkremente abfahren ließ.

Die Bewegungen beim Abarbeiten dieser Vorgaben wurden laserinterferometrisch
registriert.

Unter Beschränkung auf achsparallele Bewegungen in x- und y-Richtung wurden
diese Messungen für folgende Vorschubgeschwindigkeiten durchgeführt:

- ➢ 30 mm/min
- ➢ 300 mm/min
- ➢ 3000 mm/min (Eilgang)

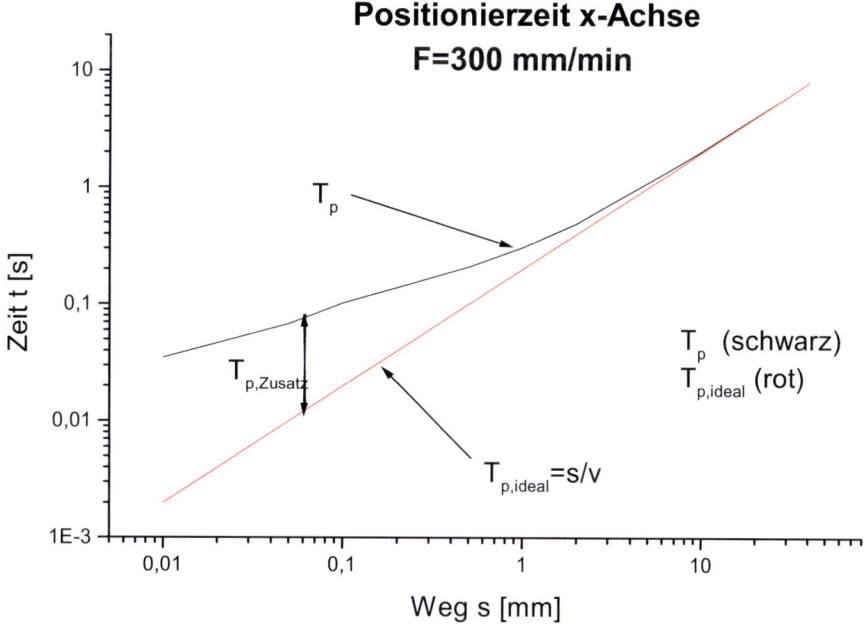

Diagramm 8 : Diagramm Positionierzeit für F=300 mm/min, x-Achse

Im Sinne der Übersichtlichkeit soll erneut lediglich diese eine Schaubild die Vorgehensweise sowie ferner das Resultat der Versuchsreihen illustrieren, die weiteren Diagramme sind im Anhang aufgeführt.

3.2.5 Bestimmung des Schleppabstandes, der Geschwindigkeitsverstärkung und der Grenzfrequenz

Da die NUM-Steuerung der zu vermessenden Mikro-Fräsmaschine die Option bietet, den Schleppabstand anzeigen zu lassen (vergleiche Abbildung 34), wurde ein Programm geschrieben, das achsparallele Verfahrbewegungen in x- und y-Richtung mit verschiedenen Vorschubsgeschwindigkeiten bewirkte und der zugehörige Schleppabstand ausgelesen.

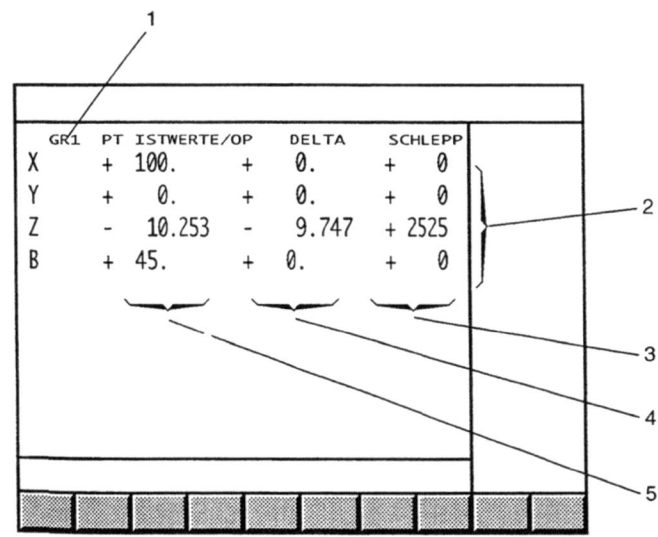

1 - Angezeigte Achsgruppen (Systeme mit mehreren Achsgruppen)
2 - Angezeigte Achsen
3 - Schleppfehler in Mikrometer oder in 1/1000 Grad
4 - Abstand zwischen dem Istwert und dem programmierten Punkt in mm oder in Grad
5 - Abstand zwischen dem Istwert und dem Programmnullpunkt in mm oder in Grad

Abbildung 34 : Anzeige der Steuerung
Quelle : [NUM-97]

Die aus der geschilderten Vorgehensweise resultierenden Werte sind in tabellarischer Übersicht im Anhang aufgeführt.

Aus diesen Daten wurde mittels graphischer Auftragung der Bahngeschwindigkeit über dem Schleppabstand und Durchführung einer linearen Regression eine Ausgleichsgerade gebildet.

Die Funktion dieser Ursprungsgeraden (für Geschwindigkeit Null ist auch der Schleppabstand Null), respektive deren Steigung entspricht dem K_V-Faktor in der Dimension [mm/min*µm = 1000/60*s].

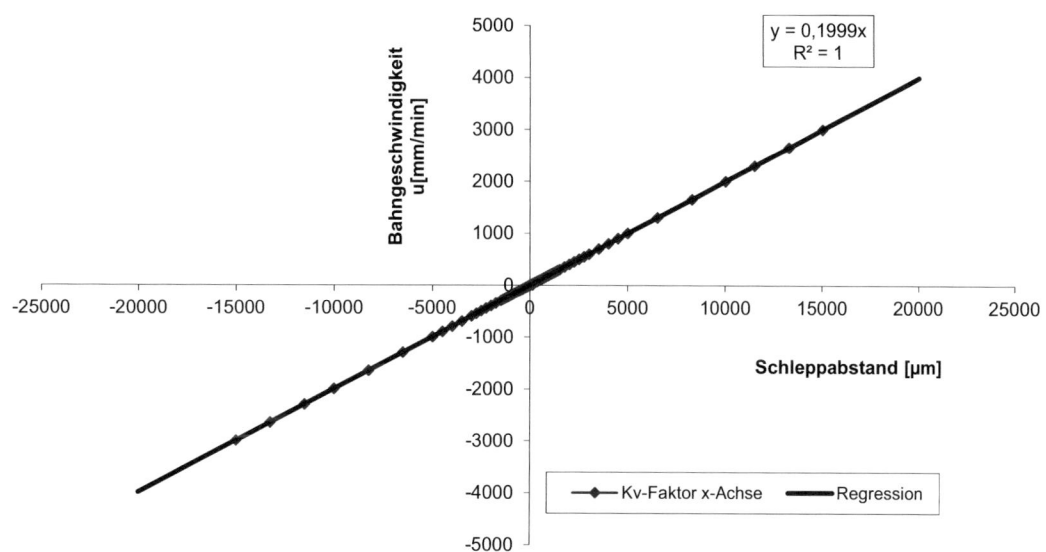

Diagramm 9 : Kennlinie u = f(Δx), x-Achse

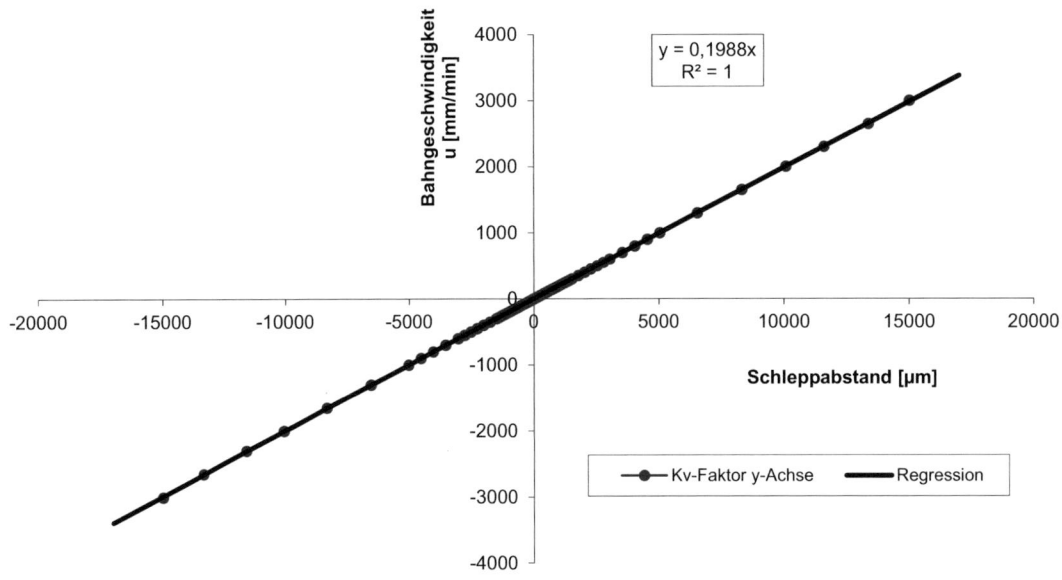

Diagramm 10 : Kennlinie u = f(Δx), y-Achse

Bestätigt durch die hohen Korrelationskoeffizienten (Bestimmtheitsmaß) der beiden Ausgleichgeraden ergeben sich folgende Geschwindigkeitsverstärkungen:

K_V-Faktor x-Achse : 0,1999 mm/min*μm = 3,33 s^{-1}

K_V-Faktor y-Achse : 0,1988 mm/min*μm = 3,31 s^{-1}

Die Grenzfrequenz ergibt sich aus der Geschwindigkeitsverstärkung wie folgt:

$f_{gL} = K_V / (2 * \pi)$

Dementsprechend beträgt die Grenzfrequenz für die x- und y-Achse:

$f_{gL, \text{x-Achse}} = 0,53$ Hz

$f_{gL, \text{y-Achse}} = 0,53$ Hz

Die Auswirkungen dynamischer Bahnabweichungen machen sich besonders bei scharfen Konturänderungen bemerkbar. Kennzeichnend hierfür sind vor allem die Radiusdifferenz ΔR sowie im Fall des Eckenfahrens der sogenannte Eckenfehler A_E.

Aufgrund der ermittelten Größe Geschwindigkeitsverstärkung K_v, beziehungsweise dem daraus rechnerisch bestimmten Wert der Grenzfrequenz f_{gL} ist es möglich, eine Abschätzung der Radiusdifferenz ΔR sowie des Eckenfehlers beim Durchlaufen von Kreisen und Kreisbögen durchzuführen.

Bezüglich der ausführlichen mathematischen Herleitung der im folgenden gemäß VDI-Richtlinie 3427 Blatt 2 verwendeten Abschätzungen sei in diesem Zusammenhang auf die Behandlung des Themas in [WEC-3/01] verwiesen.

i) Abschätzung der Radiusdifferenz ΔR :

Hierbei gilt nach Erreichen des stationären Zustandes für das Soll-Ist-Verhältnis und dementsprechend die Soll-Ist-Differenz der Radien:

$$\frac{R_{ist}}{R_{soll}} = \frac{1}{\sqrt{1+(f/f_{gL})^2}} \approx 1 - \frac{1}{2}*(f/f_{gL})^2$$

Gleichung 19

$$\Delta R = R_{soll} - R_{ist} \approx \frac{1}{2}*R_{soll}*(f/f_{gL})^2$$

Gleichung 20

Wobei $\quad f = u_B/(2*\pi*R_{soll})$ $\qquad$ Frequenz der Führungsgrößenänderung

Gleichung 21

Quelle : [VDI 3427-Blatt 2]

Gemäß diesen Erläuterungen und mathematischen Zusammenhängen kann nun eine rechnerische Abschätzung der zu erwartender Radiusdifferenz erfolgen, deren Ergebnisse im Anschluss daran mit den tatsächlich gemessenen Werten verglichen werden sollen.

u_B [mm/min]	u_B [mm/s]	f [Hz]	ΔR [μm] rechnerisch	ΔR [μm] gemessen
30	0,5	0,003	0,03	6,7
100	1,67	0,009	0,33	6,3
300	5	0,027	2,96	6,1
500	8,33	0,044	8,24	5,9
1000	16,67	0,088	32,94	6,0

Tabelle 11: Gegenüberstellung der errechneten und der gemessenen Radiusdifferenz

Die Begründung für diese deutlich zu erkennende Diskrepanz der Abschätzung zur Messung liegt sicherlich darin begründet, dass bei der Überschlagsrechnung von einer dynamischen Fehlerursache der Bahnabweichung ausgegangen wird. Die nachstehend aufgeführte Analyse und Interpretation der Messschriebe bei 360°-Datenerfassung lassen jedoch eindeutig konstatieren, dass die Hauptursache der Kreisformabweichung sich in Rechtwinkligkeitsfehlern festmachen lässt.

ii) Abschätzung des Eckenfehlers A_E

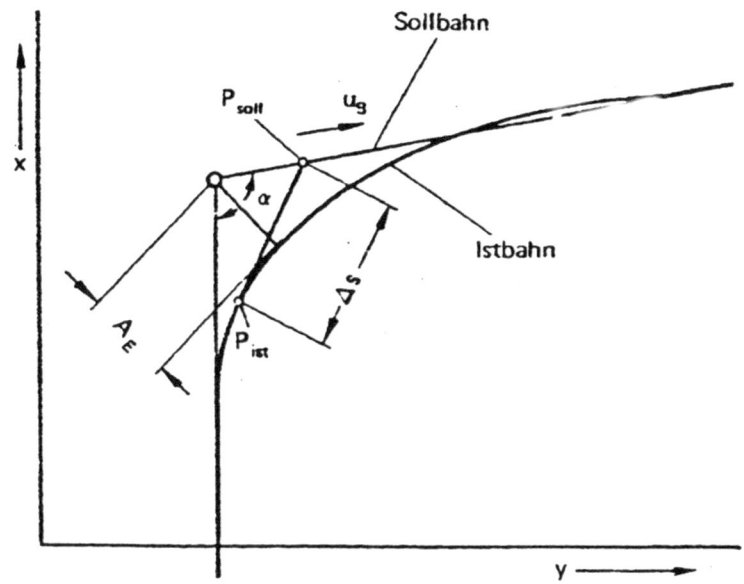

Abbildung 35: Bahnabweichung linearer Art beim Fahren einer Ecke ohne Halt oder Geschwindigkeits-reduzierung im Eckpunkt

Quelle : [VDI 3427-Blatt 2]

Beim Fahren von Ecken ohne Halt und ohne Geschwindigkeitsreduzierung im Eckpunkt kann der Eckenfehler A_E wie folgt abgeschätzt werden:

$$A_E \approx \frac{\sqrt{2}}{2} * \frac{u_B}{2 * \pi * f_{gL}} * \sqrt{1 + \cos\alpha}$$

Gleichung 22

Quelle : [VDI 3427-Blatt 2]

Die Durchführung der abschätzenden Rechnung für den typischen Eckenwinkel $\alpha = 90°$ (rechtwinklig) liefert folgende Eckenfehler:

u_B [mm/min]	u_B [mm/s]	Eckenfehler A_E [mm]
30	0,5	0,11
100	1,67	0,35
300	5	1,06
500	8,33	1,77
1000	16,67	3,54

Tabelle 12 : Abschätzung des Eckenfehlers bei verschiedenen Geschwindigkeiten

Diese Rechnung weist deutlich nach, dass in solchen Fällen einer unstetigen Konturänderung meistens die Bahngeschwindigkeit reduziert werden muss, beziehungsweise die Führungsgrößenerzeugung im Eckpunkt so lange verharren muss, bis der Schleppabstand Δs abgebaut ist. Im NC-Programm wird dies durch einen Halt im Eckpunkt realisiert, um den Eckenfehler A_E zu minimieren oder gar auszuschließen und folgerichtig das sogenannte „Verschleifen" einzudämmen.

Im NC-Code wird die geschilderte Problematik durch die Modalbefehle der Eckenverzögerung (G28 und G29 nach DIN ISO 66025) behoben. Diese ermöglichen einen frei programmierbaren – reduzierten - Vorschub, der ab einem ebenfalls anzugebenden Punkt vor der Ecke wirksam wird.

3.2.6 Bestimmung der Kreisformabweichung

Aufgrund des beschränkten Verfahrbereiches der Mikro-Fräsmaschine (in y-Richtung nur etwa 130 mm), musste zur Durchführung des Kreisformtests mit einer speziellen Halterung gearbeitet werden.

Hierbei wurde der Renishaw-Ball-Bar quasi „über Kopf" in eine Vorrichtung eingebaut (vergleiche Abbildung 36), wodurch sich Radien unter 100 mm programmieren und verfahren ließen.

Kleinere Kreisradien geben deutlicheren Aufschluss über kinematische Fehler als größere Radien dies tun, weswegen die Entscheidung für einen Radius R=30 mm gefällt wurde.

Abbildung 36 : Darstellung der Kreisformtester-Einspannung für das Verfahren kleiner Radien

Die Messungen wurden in der maximalen Anzahl (entsprechend der Kapazität der Auswertesoftware von Renishaw) von je sechs Läufen durchgeführt. Hierbei wurden bidirektionale Daten aufgenommen, also drei Läufe im Uhrzeigersinn sowie drei entgegen dem Uhrzeigersinn.

Die Versuchsreihen galten folgenden Vorschüben:

> ➢ 30 mm/min

> ➢ 100 mm/min

> ➢ 300 mm/min

➢ 500 mm/min

➢ 1000 mm/min

Der Kreisformtest lieferte den Messschrieben der Renishaw-Quick-Ballbar-Check-Software zu entnehmende Ergebnisse, wobei im Sinne der Übersichtlichkeit lediglich die Diagramme zu der Vorschubgeschwindigkeit F=500 mm/min dargestellt wurde, die restlichen Schaubilder sind im Anhang aufgeführt.

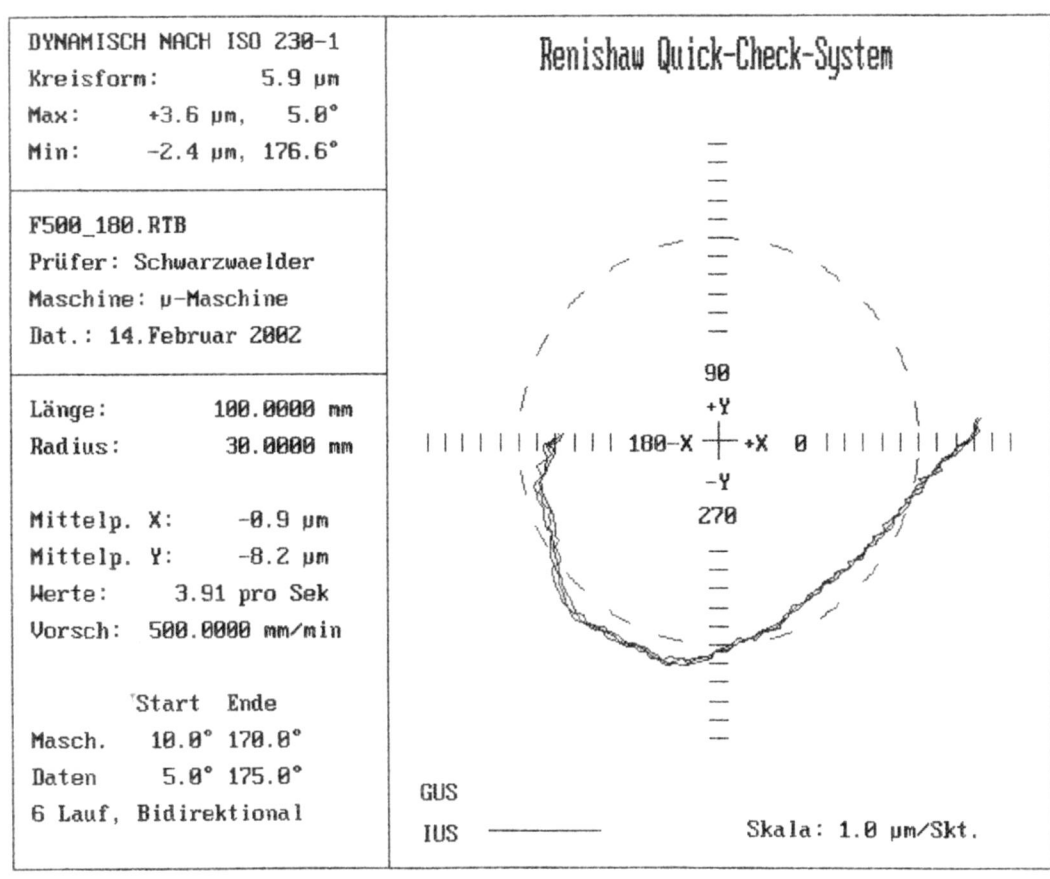

Abbildung 37 : Kreisformabweichung nach DIN ISO 230-1, F=500 mm/min

Als Resultat der Mittelwertsbildung über die fünf verfahrenen Kreisvorschübe erhält man eine Kreisformabweichung der xy-Ebene von

Kreisform $_{xy}$ = 6,2 μm

Die Daten zur Bestimmung der quantitativen Kenngröße Kreisformabweichung wurde auf Basis von 180°-Bögen ermittelt, da sich die störungsfreie Kabelnachführung besonders hinter der Spindel (vom Standpunkt des Betrachters aus gesehen) sehr schwierig gestaltete und Beeinflussungen der Messgenauigkeit nicht auszuschließen waren.

Allerdings kann der Kreisformtest ebenfalls qualitative Rückschlüsse bezüglich der Abstimmung der NC-Achsen sowie statischer Abweichungen liefern. Zu diesem Zwecke wurden 360°-Kreise verfahren, deren Schaubild dieser prinzipiellen Analyse dienen soll.

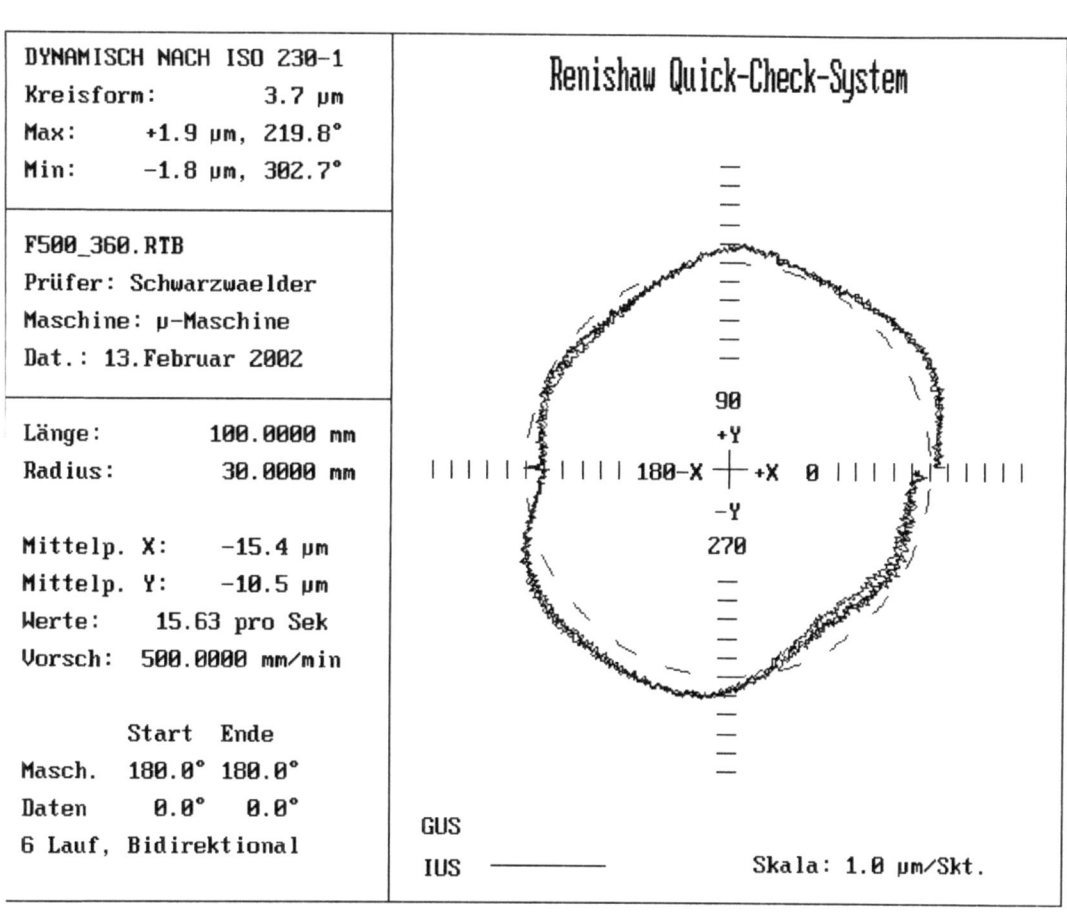

Abbildung 38 : Kreisformabweichung nach DIN ISO 230-1, F=500 mm/min, 360°-Datenerfassung

4 Interpretation und Schlussfolgerungen

4.1 Minimale und Maximale Bahngeschwindigkeit

Die ermittelten, recht kleinen Werte für die Minimale Bahngeschwindigkeit sowohl in der x- als auch in der y-Achse sprechen für eine gute Ausführung und Gestaltung der Führungsbahnen, die kontinuierliche Bewegung geht erst bei sehr geringen Vorschüben ins Ruckgleiten über.

Die erreichbare Minimale Bahngeschwindigkeit in beiden Achsen ($u_{B\ min,\ x\text{-Achse}}$ = 2,3 mm/min, $u_{B\ min,\ y\text{-Achse}}$ = 1,25 mm/min) dürfte ihren Grund in den sehr gut gearbeiteten Führungsleisten mit entsprechend geringen Rauheitswerten haben. Es wurden hierbei Doppelprismenführungen auf Nadelrollenlagern derart angeordnet, dass sie gegeneinander verspannt werden können. Diese Konstruktionsvariante weist im Verhältnis zu anderen Wälzlagerungen die höchste Tragfähigkeit und Steifigkeit, eine hohe Ablaufgenauigkeit und eine geringe Neigung zu Stick-Slip-Effekten auf. [SKF-1992]

Die positive Beurteilung der Minimalen Bahngeschwindigkeiten wird zudem dadurch unterstrichen, dass die gemessenen Werte der Vorgabe genüge tragen, die im Pflichtenheft [MUN-98] vorgegeben wurde. Hierbei galt die Forderung, dass eine Minimale Bahngeschwindigkeit von 2 mm/min im Bereich des Möglichen liegen sollte.

Dass die Maximale Bahngeschwindigkeit mit der Eilganggeschwindigkeit zusammenfällt, war zu erwarten und wird ferner in der VDI-Richtlinie 3427, Blatt 2 als Regelfall erklärt.

4.2 Beschleunigungs– und Verzögerungszeiten und –wege

Die Beschleunigungs –und Verzögerungszeiten (zwischen 47 ms und 210 ms) und –wege (zwischen 0,01 und 5,2 mm) erscheinen allesamt etwas hoch, ein Umstand, der sich durch die Verwendung, respektive konstruktive Entscheidung für einen Planetengewindetrieb erklären lässt.

Dieses System ist in seiner Dynamik und seinen somit erreichbaren Beschleunigungen und Geschwindigkeiten begrenzt, weist dafür hingegen Vorteile in Bezug auf Steifigkeit und Genauigkeit auf.

Die schlechte Dynamik wurde schon bei der Konzeption und Projektierung der Mikrofräsmaschine in Kauf genommen, da man sich hierbei für den Vorteil einer Komplettlieferung des Antriebes entschied und somit den Verlust der dynamischen Eigenschaften akzeptierte. Dieser Nachteil ist unter anderem in der Verwendung eines Getriebes zur Realisierung der niedrigen Geschwindigkeiten begründet. [MUN-98]

Auch die eingesetzten Flachkäfigführungen, deren Vorteile beispielsweise das Erreichen einer sehr geringen Minimalen Bahngeschwindigkeit ursächlich ermöglichten, beeinflussen durch ihre konstruktive Anordnung die realisierbaren Beschleunigungs –und Verzögerungszeiten und –wege negativ, denn die Verfahrgeschwindigkeiten sowie die Beschleunigungen werden durch die zu erwartende Relativbewegung zwischen Schienen und Käfigen nach oben begrenzt. [MUN-98]

4.3 Vorschubkonstanz

Die Vorschubkonstanz ist äußerst zufrieden stellend, die bezogenen Abweichungen (relative Fehler) liegen deutlich unter einem Prozent, die Mikro-Fräsmaschine erreicht und hält eine vorgegebene Sollgeschwindigkeit sehr gut.

Zudem konnte aus den zugehörigen Messschrieben und Diagrammen ersehen werden, dass die Schwankungen zwischen Soll – und Istwert gering sind, dieser Fakt spricht für eine hohe Regelgüte der Steuerung. Bei allen Versuchsreihen und Vorschüben lag diese Differenz im Bereich von maximal $\pm$ 1,5% in Relation zur programmierten Bahngeschwindigkeit.

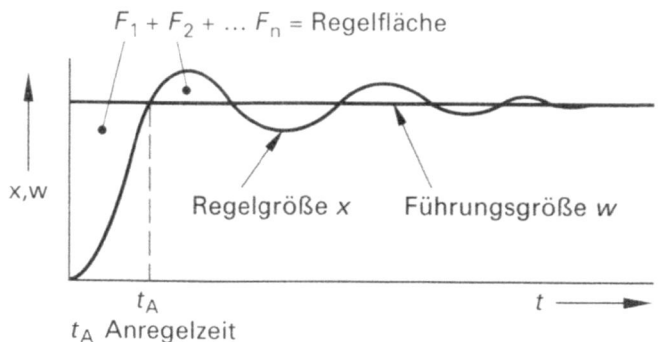

Abbildung 39 : Darstellung der Regelfläche

Quelle : [STE-01]

Ein Regelkreis ist meist dann optimal eingestellt, wenn die Regelfläche (vergleiche Abbildung 39) einen möglichst kleinen Wert annimmt. [STE-01]

Dass dieser „Zick-Zack-Verlauf" im Geschwindigkeits-Zeit-Schaubild überhaupt auftritt, ist dadurch erklärbar, dass eine Regelung stets eine Abweichung vom Sollwert benötigt, um wieder nachzuführen und auf Vorgabe einzuregeln. Diese Annahme wird ferner dadurch manifestiert, dass die geschilderte Differenz unabhängig von der eingestellten Geschwindigkeit und des Weiteren recht gleichmäßig auftritt. Da praktisch der komplette Vorschubbereich der Maschine durchlaufen und getestet wurde, kann aufgrund der Kontinuität des Verlaufes sowie der relativen Abweichung eine frequenzabhängige Ursache, beispielsweise zum Einfluss kommende Eigenschwingungen, Resonanzbereich, etc. ausgeschlossen werden.

4.4 Positionierzeit

Die Ergebnisse bezüglich der Positionierzeit lagen im Rahmen dessen, was vorher angenommen werden konnte, die Verläufe der Abhängigkeiten und graphischen Darstellungen stimmten mit den Erwartungen überein. Für zunehmend größere Weginkremente wurde die Zusatzzeit immer geringer, die Unterschiede zwischen Positionierzeit und Idealzeit marginal. Außerdem ergaben höhere Geschwindigkeiten folgerichtig kleinere Zeiten bis zum positionsgenauen Erreichen der Zielpunkte.

Auf den Erkenntnissen und Daten über die Positionierzeit erscheint es darüber hinaus interessant, in einer weiterführenden Arbeit einen Algorithmus zu entwickeln, der die Hauptzeit eines Programmes vorausberechnet. Speziell im Kontext von sehr langen NC-Codes, die aus vielen kleinen Inkrementen aufgebaut sind, wäre dies relevant und aussagekräftig.

4.5 Geschwindigkeitsverstärkung

Es zeigte sich, dass der Schleppabstand direkt proportional zur eingestellten Bahngeschwindigkeit zunahm, so dass der hieraus resultierende Verlauf der Geschwindigkeitsverstärkung durchgehend linear war. Es wurden keinerlei Knickstellen (nichtlinearer Bereich) festgestellt.

Des Weiteren ließ sich mittels dieser Messungen konstatieren, dass die K_V-Faktoren der beiden Vorschubachsen auf nahezu identische Werte (K_V-Faktor x-Achse = 3,33 s^{-1}, K_V-Faktor y-Achse = 3,31 s^{-1}) eingestellt und somit korrekt aufeinander abgestimmt sind. Dies ist Grundvoraussetzung dafür, dass besonders bei Verfahrbewegungen mit scharfen Konturänderungen, zum Beispiel Kreise und Ecken, keine nachteiligen Einflüsse der Dynamik auf die Bearbeitungsgenauigkeit mit eingebracht werden.

4.6 Kreisformtests

Die Versuchsreihen mit dem Kreisformtester lieferten sowohl quantitative Daten als ebenso qualitative Aufschlüsse zur dynamischen Charakterisierung der Mikro-Fräsmaschine.

Einerseits bestätigte sich die aus den Werten des Schleppabstands sowie der Geschwindigkeitsverstärkung gezogenen Erkenntnis, dass x- und y-Achse sehr gut konfiguriert und aufeinander angepasst sind, da die Kreisformabweichung einen äußerst zufrieden stellenden Wert von durchschnittlich 6,2 μm ergab.

Die Konstanz, mit der sich dieses Ergebnis über den gesamten untersuchten Vorschubbereich hindurch zeigte, spricht zudem für einen ruhigen und stabilen Lauf der Maschine, etwaige Schwingungserscheinungen der x- und y-Achse wirken sich nicht auf das Bearbeitungsergebnis aus.

Darüber hinaus ließ sich anhand der Betrachtung und Analyse der Polardiagramme gut erkennen, dass der Fehler der Maschine vor allem auf statischen Defiziten beruht (vergleiche hierzu [MUN-99]).

Die ellipsenförmige Struktur der aufgezeichneten Kreisbahn weist auf einen Rechtwinkligkeitsfehler der Achsen hin, dessen wichtigste Kennzeichen zwei Diagonalen verschiedener Länge sind.

Die Graphik ist nämlich auf der Hauptachse (das heißt der längsten) bei 45° eher elliptisch beziehungsweise erdnussförmig als kreisförmig.

Die Vermutung, die Ursache hierfür in einem Rechtwinkligkeitsfehler zu sehen, wird sowohl durch Vergleich mit Abbildung 17 sowie durch nachstehendes Kreisformdiagramm (Diagramm 11) manifestiert :

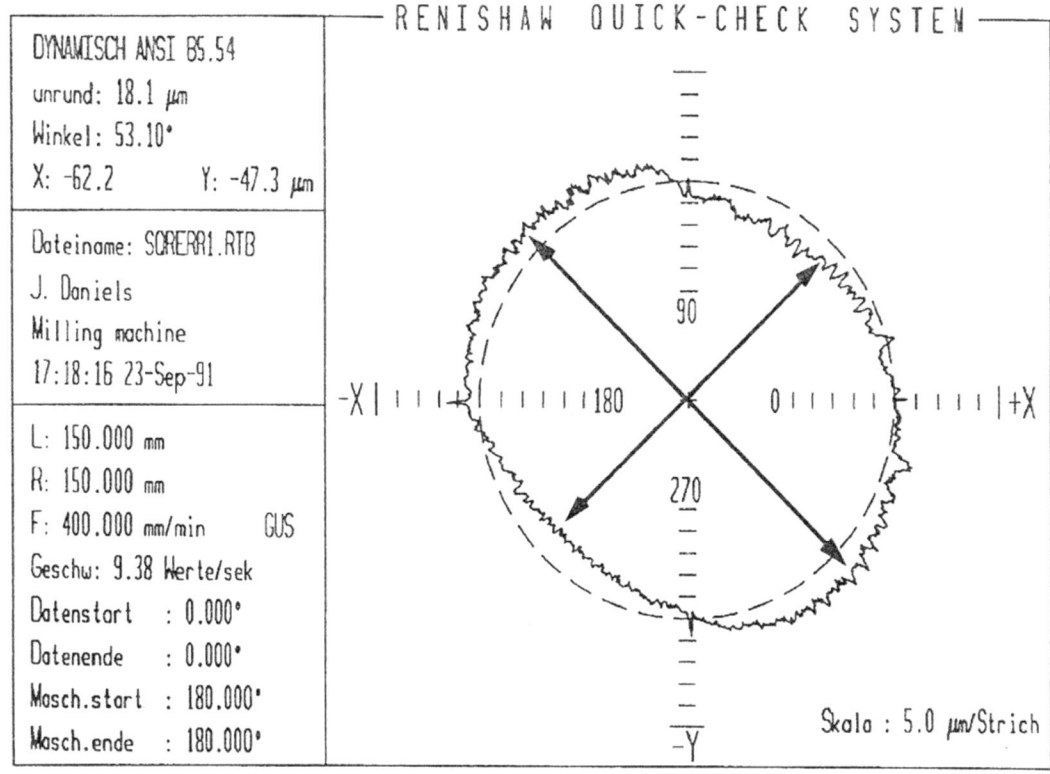

Diagramm 11 : Kreisformdiagramm bei Auftreten eines Rechtwinkligkeitsfehlers
Quelle : [REN-92]

5 Zusammenfassung und Ausblick

Es werden im Zuge der Entwicklungen auf dem Mikro-Bearbeitungssektor neue Werkzeuggeometrien notwendig, beispielsweise sind für einige Anwendungen bei der Fertigung von Mikrostrukturen heute Werkzeuge mit Durchmessern im Bereich von etwa 50 µm gefragt und erforderlich. [TEC-01]

Aus diesen immens geänderten Randbedingungen spanender Bearbeitung resultieren folgerichtig gewandelte Anforderungen bezüglich Genauigkeit und Dynamik der verwendeten Maschinen.

Durch die konzipierte Mikro-Fräsmaschine sowie deren experimentelle Untersuchung in diversen Bereichen wie statischer Charakterisierung, Prozessfähigkeit, Schwingungsverhalten und Werkzeugverschleißtests wird versucht, diesen Entwicklungen Rechnung zu tragen.

Es sollte daher der Zweck der vorliegenden Arbeit sein, Vorgaben für die Abnahme und Analyse weiterer Maschinen (zum Beispiel Bearbeitungszentrum „Micro Mill" der Firma Kugler) zu liefern, um letztlich Vergleiche – im Folgenden beispielsweise mit konventionellen 3-Achs-Fräsmaschinen- und Rückschlüsse ziehen zu können.

Ein möglicher weiterer Schritt könnte eine fortführende Arbeit sein, die nun eine dynamische Bewertung anhand von Testwerkstücken darstellt. Hierbei sollten beispielsweise die Größen des Eckenfehlers sowie der Kreisformabweichung bei der Bearbeitung direkt ermittelt werden.

Ferner sollten Optimierungsmöglichkeiten identifiziert und Potentiale bezüglich Antrieb und konstruktiver Auslegung herausgestellt werden.

5.1 Bewertung der Mikro-Fräsmaschine

Im Kontext der Grundlagen der vorliegenden Arbeit erscheint eine zuverlässige Bewertung der Mikro-Fräsmaschine insofern kompliziert, als dass sowohl die DIN-Normen als ebenfalls die VDI-Richtlinien lediglich Hinweise auf zu messende Kenngrößen, respektive Vorschläge zu deren Aufnahme offerieren, jedoch keine Option involvieren, die konstatierten Daten zu beurteilen. Es werden weder konkrete Werte noch Bereiche vorgegeben, anhand derer eine Orientierung möglich ist.

Dementsprechend sollen nun qualitative Aussagen über das dynamische Verhalten stets unter dem Aspekt des Einsatzgebietes betrachtet werden, für das die Mikro-Fräsmaschine konzipiert und entwickelt wurde.

Eine gewisse Vergleichsmöglichkeit kann allerdings sicherlich durch die nachfolgend aufgeführte Gegenüberstellung der ermittelten Kennwerte mit typischen Daten konventioneller 3-Achs-Fräsmaschinen gewonnen werden.

Die konkreten Ergebnisse der Testreihen sowie die Schlussfolgerungen hieraus wurden bereits im Kapitel

Interpretation dargestellt und diskutiert, daher kann an dieser Stelle auf weitere Kommentare verzichtet werden.

Allerdings soll im folgenden der Versuch unternommen werden, eine prinzipielle Bewertung der diversen Kenngrößen sowie deren Vergleich mit konventionellen 3-Achs-Fräsmaschinen zu schildern (siehe Tabelle 13) und etwaige Verbesserungsstrategien auf dem zugehörigen Sektoren zu erläutern.

Spezielle Ansätze, die der Optimierung dienlich sein könnten, vor allem die Antriebstechnik sowie die konstruktive Auslegung der mechanischen Übertragungselemente (Planetenrollengewindetrieb) werden im Anschluss ausführlich diskutiert.

Merkmal	Bewertung	Zahlen-werte	Quer-verweis	Typische Daten konventioneller 3-Achs-Fräsmaschinen
Minimale Bahn-geschwindigkeit	+	Ca. 2,3 mm/min	Kapitel 3.2.1 und 4.1	2 – 4 mm/min
Maximale Bahn-geschwindigkeit	0	Ca. 3000 mm/min	Kapitel 3.2.1 und 4.1	Ca. 10-30 m/min
Beschleunigungs – und Verzögerungs-zeiten und –wege	-	Ca. 47-210 ms Ca. 0,01-5,2 mm	Kapitel 3.2.2 und 4.2	Keine Daten erhält-lich
Vorschubkonstanz	+	Ca. ± 0,2-0,8%	Kapitel 3.2.3 und 4.3	Ca. 0,5-1%
Positionierzeit	-	--	Kapitel 3.2.4 und 4.4	Keine Daten erhält-lich
Einstellung der Geschwindig-keitsverstärkung	+	K_v-Faktor: Ca. 3,3 s^{-1}	Kapitel 3.2.5 und 4.5	4,5 – 6 s^{-1}
Kreisformverhalten	0	Ca. 6,2 µm	Kapitel 3.2.6 und 4.6	Ca. 4-10 µm

Tabelle 13 : Bewertung der aufgenommenen Kennwerte
(+ gut, 0 neutral, - schlecht)

Trotz größter Bemühungen (es wurden gut 25 verschiedene Werkzeugmaschinen- und Steuerungshersteller sowie Maschinenvermesser und Antriebstechniker ange-sprochen) um typische Kenndaten konventioneller 3-Achs-Fräsmaschinen für sämtli-che aufgenommenen Größen, zeigte es sich bedauerlicherweise unmöglich, Anga-ben über die Positionierzeit sowie Beschleunigungs – und Verzögerungs- zeiten und –wege zu erhalten, so dass hierzu keine Vergleichsmöglichkeiten angeboten werden können.

5.2 Optimierungsmöglichkeiten des Planetengewindetriebs

Bei der Konzeption numerisch gesteuerter Werkzeugmaschinen werden unter anderem Stick-Slip- und spielfreie Vorschub- und Antriebssysteme gefordert. Diesen Randbedingungen soll durch Kugelrollspindelsysteme entwickelt, die folgende entscheidende positive Eigenschaften mit sich bringen [WEC-2/97] :

> ➢ Sehr guter Wirkungsgrad aufgrund der Rollreibung (bis zu 95%)

> ➢ Kein Stick-Slip (Ruckgleiten)

> ➢ Bei richtiger Dimensionierung kaum Verschleiß und dadurch ausreichende Lebensdauer

> ➢ Vorspannbar (spielfrei)

> ➢ Ausreichende Federsteifigkeit

Werden besonders hohe Anforderungen an Steifigkeit, Genauigkeit und Verfahrge-schwindigkeit gestellt, so bietet sich als Alternative zur Kugelrollspindel auch die Planetenrollengewindespindel (vergleiche Abbildung 40) an.

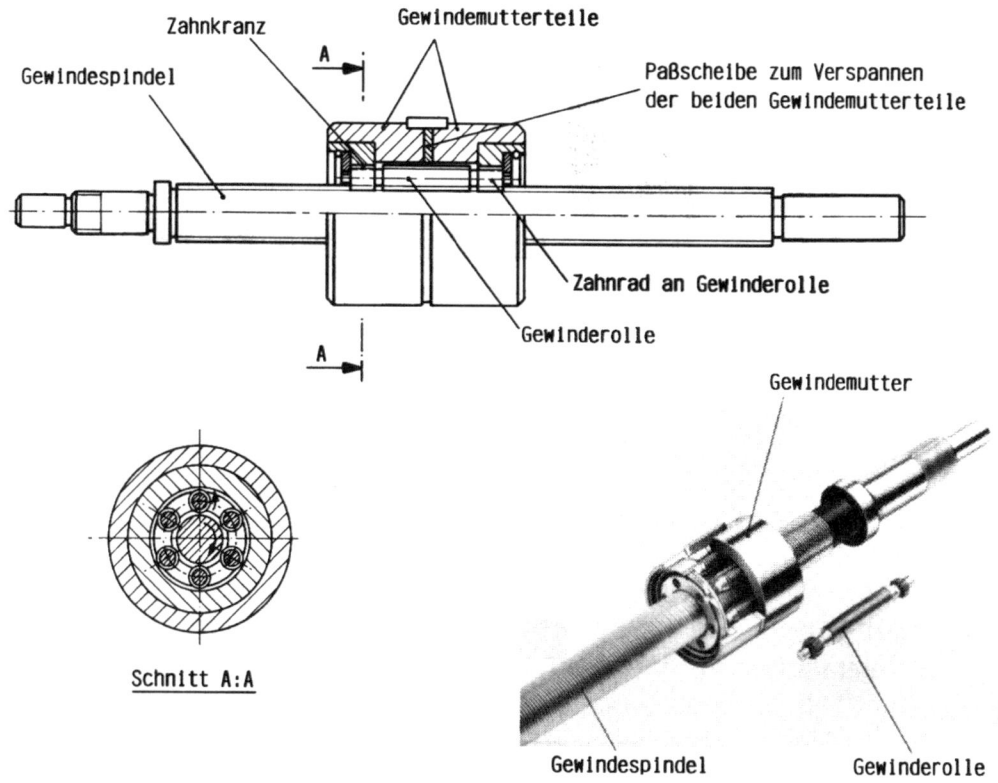

Abbildung 40 : Planetenrollengewindetrieb
Quelle : [WEC-2/97]

Bestimmend für die Erzielung des Optimums aus maximaler Geschwindigkeit, Beschleunigung, Genauigkeit und Lebensdauer sind verschiedene Parameter relevant und beeinflussbar [KIE-01] :

➢ Spindelsteigung

➢ Übersetzungsverhältnis zwischen Motor und Gewindespindel

➢ Einsatzmöglichkeit verschiedener Motoren

Hierbei erscheint insbesondere die Möglichkeit, mittels diverser Steigungen der Planetenrollengewindespindel die Dynamik zu verbessern, interessant.

5.3 Verbesserung des dynamischen Verhaltens mittels Linearmotor

Als weitere Option, die Dynamik eines Vorschubantriebes zu verbessern, kann die Verwendung eines Linearmotors genannt werden.

Herkömmlicherweise werden zur Erzeugung translatorischer Vorschubbewegungen rotatorische Antriebe mit einem mechanischen Umwandlungsgetriebe wie Kugelgewindetrieb, Ritzel-Zahnstange oder Schnecke-Zahnstange kombiniert. [WEC-01]

Bei der Konzeption der Mikro-Fräsmaschine fiel die Entscheidung auf die Zusammenstellung Asynchron-Motor / Planetenrollengewindetrieb. Die Vorteile einer solchen Anordnung wurden schon in Kapitel besprochen, als nachteilig sind folgende ungünstige Eigenschaften aufzuzählen:

- Spiel
- Elastizität
- Reibung
- Zusätzliche Trägheitsmasse

Diese Faktoren begrenzen stellen im Antriebsstrang den begrenzenden Faktor hinsichtlich Geschwindigkeit, Laststeifigkeit, Verfahrweg und Dynamik dar.

Zur Überwindung dieser Nachteile kann beispielsweise auf Linearmotoren zurückgegriffen werden, da somit die mechanischen Übertragungselemente entfallen.

Es resultieren folgende positive Effekte [WEC-2/97]:

- Verschleißfreiheit und damit lange Lebensdauer
- Kein Umkehrspiel
- Keine Elastizitäten des Antriebsstranges
- Große statische und dynamische Steifigkeit
- Geringe Gesamtmasse und geringe Anzahl an Komponenten

> In Verbindung mit digitalen Steuerungen sind hohe Regelgüten mit großem K_V-Faktor möglich; somit lässt sich ein geringer Schleppabstand und eine gute Positioniergenauigkeit auch bei großen Verfahrgeschwindigkeiten erreichen

> Großes Beschleunigungsvermögen

Ein Vergleich der unterschiedlichen Antriebskonzepte kann folgender Übersicht entnommen werden:

	Linearmotor	Rotierender Motor mit		
		Kugel-gewindetrieb	Zahnriemen	Zahnstange
Geschwindigkeit	++	o	+	+
Beschleunigung	++	+	–	o
Genauigkeit	++	+	–	–
Vorschubkraft	o	++	o	+
Verfahrweg	++	–	+	++
Lebensdauer/Verschleiß	++	o	o	o
Geräuschentwicklung	++	–	+	o
Projektierung und Maschinenkonstruktion	+	o	+	+

Abbildung 41 : Unterschiedliche Antriebskonzepte im Vergleich

(++ sehr gut, + gut, o neutral, - schlecht)

Quelle : [ZUL-3/02]

Es kann also aufgezeigt werden, dass die Verwendung eines Linearmotors die nach Abschluss der Testreihen zur dynamischen Charakterisierung der Mikro-Fräsmaschine insgesamt unbefriedigend erscheinenden Kennwerte des Beschleunigungsvermögens sowie der damit folgerichtig verbundenen Beschleunigungs –und Verzögerungszeiten und –wege erheblich verbessern würde.

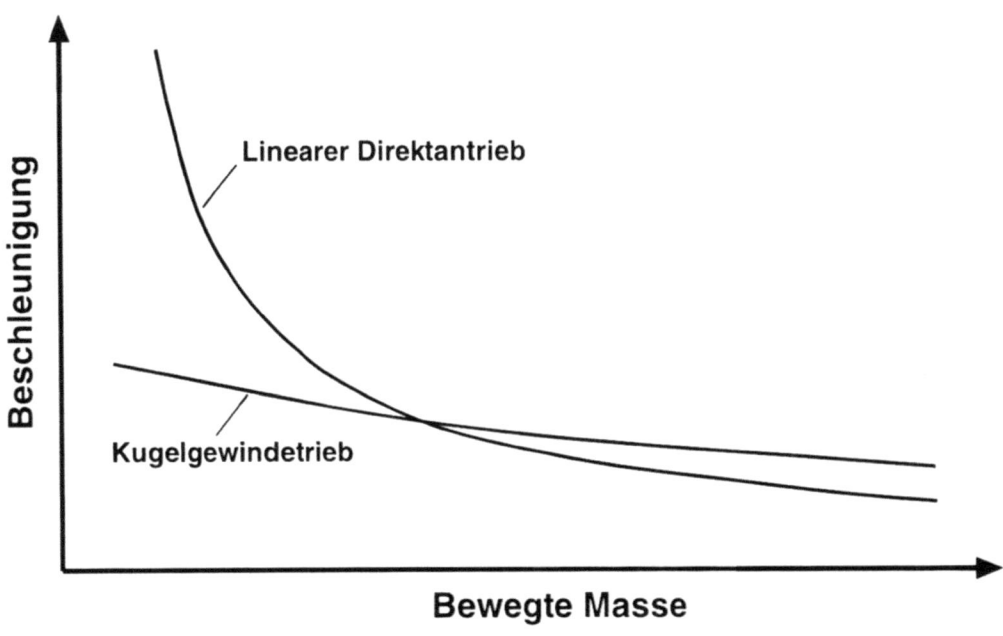

Abbildung 42 : Beschleunigungsverhalten von Linearmotor und Kugelgewindetrieb
Quelle : [KIE-01]

Im Gegensatz zur potentiellen Optimierung des Planetenrollengewindetriebs ist jedoch klar, dass im Normalfall die Entscheidung Linearmotor oder konventioneller Vorschubantrieb im Vorfeld der Konzeption und Entwicklung einer Maschine durchdacht und gefällt werden muss. Eine nachträgliche Umrüstung der Mikro-Fräsmaschine zum Beispiel wäre in Anbetracht des technischen und sicherlich zudem finanziellen Aufwandes nicht zu rechtfertigen.

Wohl aber kann, respektive soll die Überlegung und Erwägung der Projektierung eines Linearantriebes für eventuelle weitere „Eigenkonstruktionen" nicht außer Acht gelassen werden.

ANHANG

A.1 Literaturverzeichnis

[BER-95] Bergmann – Schaefer, Lehrbuch der Experimentalphysik Band 3 – Optik

9. Auflage, de Gruyter, Berlin, New York

[DUB-01] W. Beitz, K.-H. Grote, Dubbel – Taschenbuch für den Maschinenbau

20. Auflage, 2001, Springer-Verlag, Berlin, Heidelberg

[DUT-90] Wolfgang Dutschke, Fertigungsmesstechnik

Auflage 1990, Teubner-Verlag, Stuttgart

[HAL-94] Halliday / Resnick; Physik Teil 2

1994; de Gruyter, Berlin, New York

[HEI-90] Hilmar Heinemann, Physik verstehen durch Üben

7. Auflage, 1990, VEB Fachbuchverlag, Leipzig

[FER-00] Skriptum zur Vorlesung „Fertigungstechnik"

wbk, Karlsruhe, Auflage 2000

[KIE-01] Hans B. Kief, NC/CNC-Handbuch

Auflage 2001, Carl Hanser Verlag, München, Wien

[KNE-89] Kneubühl / Sigrist, Laser

2. Auflage, 1989, Teubner, Stuttgart

[KOE-97] Wilfried König, Fritz Klocke, Fertigungsverfahren Band 1

1997, VDI-Verlag

[MEI-94] Meins, Handbuch der Fertigungs- und Betriebstechnik

Auflage, Vieweg-Verlag

[MON-99] Montageanleitung zur Mikrostrukturfräsmaschine,

Christian Munzinger, 1999, wbk

[MUN-98]   Christian Munzinger, Studienarbeit FT 2692,

Konstruktion und Aufbau einer Fräsmaschine zur Fertigung von Mikro-strukturen, 1998, wbk

[MUN-99]   Christian Munzinger, Studie FT 2711, Genauigkeitsvermessung- und steigerung einer Dreiachsfräsmaschine, 1999, wbk

[NIT-77]   Nitsche/Trumpold, Einführung in die LängenMesstechnik

Leipzig, 1977, VEB-Fachbuchverlag

[SCH-89]   Herbert A. Schneider, Helmut Zimmer, Physik für Ingenieure

2. Auflage, 1989, VEB Fachbuchverlag

[STE-01]   Dietmar Schmidt, Steuern und Regeln für Maschinenbau und Mechatronik

8. Auflage, 2001, Europa-Verlag

[TEC-01]   Alfred Böge, Das Große Technikerhandbuch

16. Auflage, 2000, Vieweg-Verlag

[TIP-00]   Paul A. Tipler, Physik

Auflage 2000, Spektrum Akad. Verlag, Heidelberg

[WAL-89]   W.Walcher, Praktikum der Physik

6. Auflage, 1989, Teubner-Verlag, Stuttgart

[WEC-2/97] Manfred Weck, Werkzeugmaschinen - Fertigungssysteme Band 2

6. Auflage 1997, Springer-Verlag, Berlin, Heidelberg

[WEC-3/01] Manfred Weck, Werkzeugmaschinen - Fertigungssysteme Band 3

5. Auflage 2001, Springer-Verlag, Berlin, Heidelberg

[WEC-5/01] Manfred Weck, Werkzeugmaschinen - Fertigungssysteme Band 5

6. Auflage 2001, Springer-Verlag, Berlin, Heidelberg

[ZUL-3/02] Zeitschrift „Der Zuliefermarkt", Ausgabe März 2002

DIN-Normen und VDI-Richtlinien

DIN 1319   Grundlagen der Messtechnik

                  Blatt 1 : Grundbegriffe

                  Blatt 2 : Begriffe für die Anwendung von Messgeräten

                  Blatt 3 : Auswertung von Messungen einzelner Messgrößen, Messunsicherheit

                  Blatt 4 : Auswertung von Messungen einzelner Messgrößen, Messunsicherheit

DIN 2257   Begriffe der Längenprüftechnik, Fehler und Unsicherheiten beim Messen

DIN-ISO 230   Prüfregeln für Werkzeugmaschinen

                  Teil 1 : Geometrische Genauigkeit von Maschinen, die ohne Last oder unter Schlichtbedingungen arbeiten

                  Teil 2 : Bestimmung der Positionierunsicherheit und der Wiederholpräzision der Positionierung von numerisch gesteuerten Werkzeugmaschinenachsen

                  Teil 3 : Bewertung von Wärmewirkung

                  Teil 4 : Kreisformprüfungen für numerisch gesteuerte Werkzeugmaschinen

                  Teil 5 : Bestimmung der Geräuschemission

DIN ISO 66025   Befehle und Wortadressierungen der CNC-Programmierung

VDI 2851   Beurteilung von Fräsmaschinen und Bearbeitungszentren durch Einfachprüfwerkstücke

VDI 3427   Dynamisches Verhalten von numerischen Bahnsteuerungen an Werkzeugmaschinen

                  Blatt 1: Begriffe und Merkmale

                  Blatt 2: Kenngrößen

VDI 3441   Statische Prüfung der Arbeits- und Positioniergenauigkeit von Werkzeugmaschinen, Grundlagen

Handbücher und Firmenprospekte

[NUM-97]   NUM Güttingen GmbH, NUM 1060,

Bediener-Handbuch, 1997

[REN-92]   Renishaw „Quick-Check-System"

Ballbar-Anwenderhandbuch, 1992

[REN-98]   Renishaw „Laserinterferometer"

Bediener-Handbuch, 1998

[SKF-92]   SKF Linearsysteme GmbH, Deutschland

Handbuch Linearführungen, 1992

A.2 Messprotokolle / Diagramme

Infolge der zahlreichen Messungen und Testreihen, die zur dynamischen Charakterisierung der Mikro-Fräsmaschine durchgeführt wurden, sind die Messschriebe, Schaubilder und Tabellen sehr umfangreich.

Um die vorliegende Arbeit nicht unnötig mit Datenmaterial zu überfrachten, wurden in den einzelnen Unterpunkten der Auswertung jeweils nur ein Diagramm, respektive zugehörige Wertetabellen eingebracht, die zur Exemplifizierung und Illustration der Vorgehensweise sowie zur Kennzeichnung der signifikanten Punkte, Merkmale und Bezeichnungen dienten.

Die restlichen Protokolle und Darstellungen sind nun im Anhang aufgeführt.

Maximale Bahngeschwindigkeit x-Achse

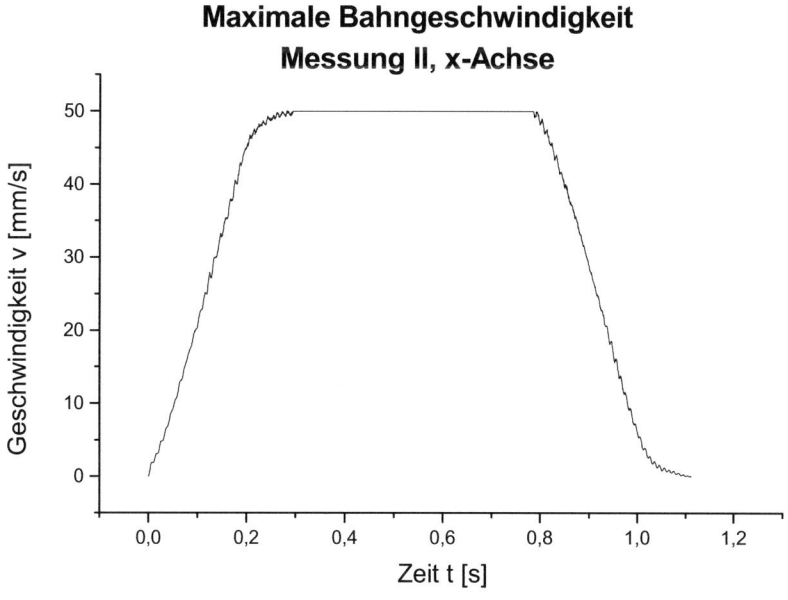

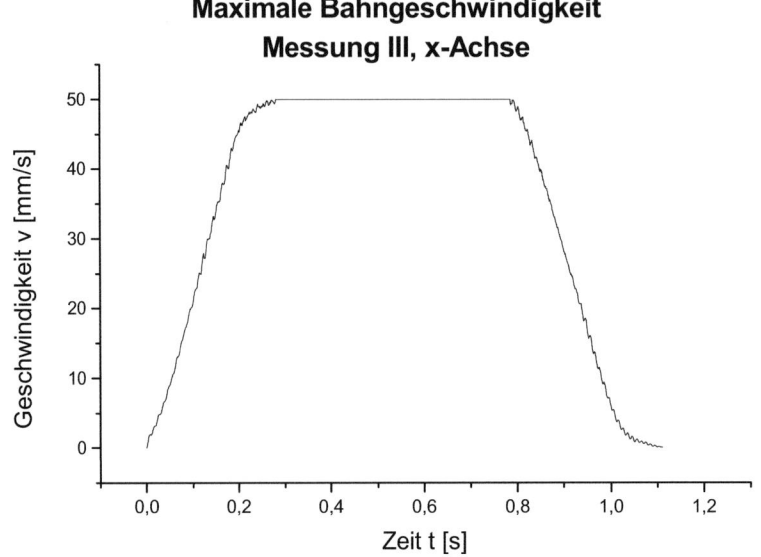

Maximale Bahngeschwindigkeit, y-Achse

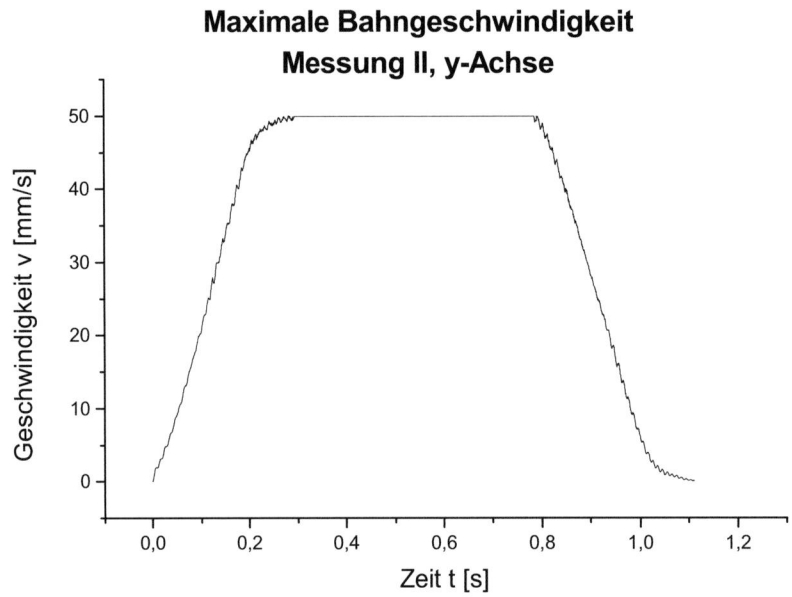

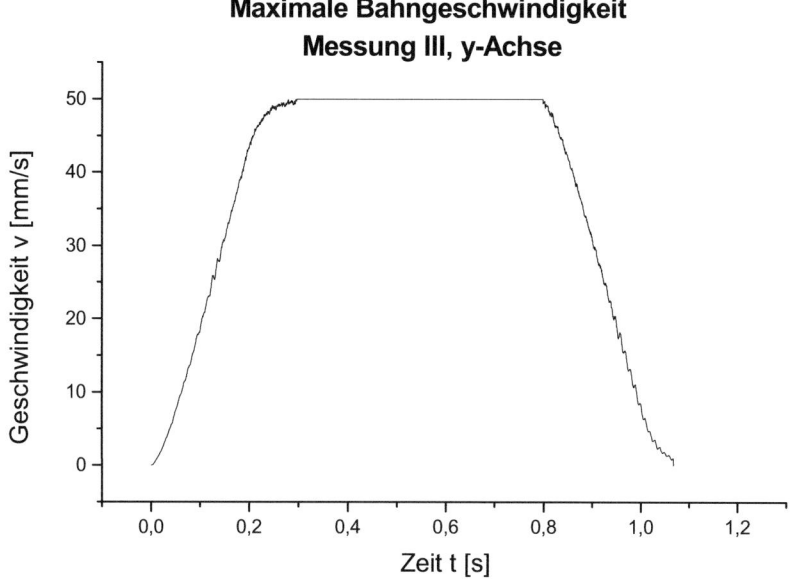

Maximale Bahngeschwindigkeit
Messung III, y-Achse

Diagramme Beschleunigungs –und Verzögerungszeiten und –wege, x-Achse

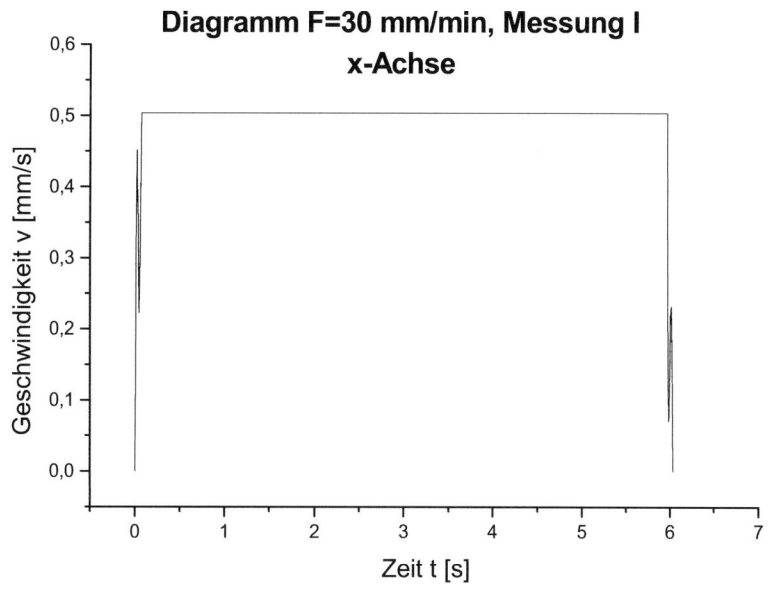

Diagramm F=30 mm/min, Messung I
x-Achse

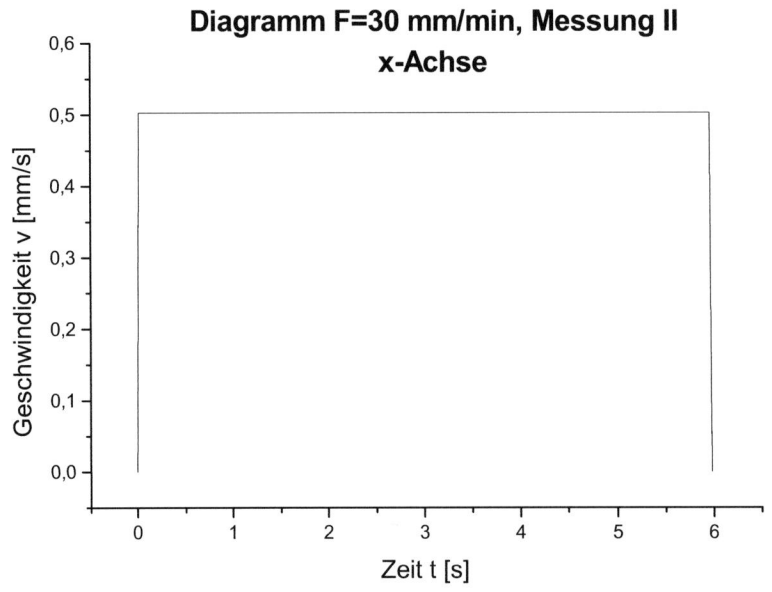

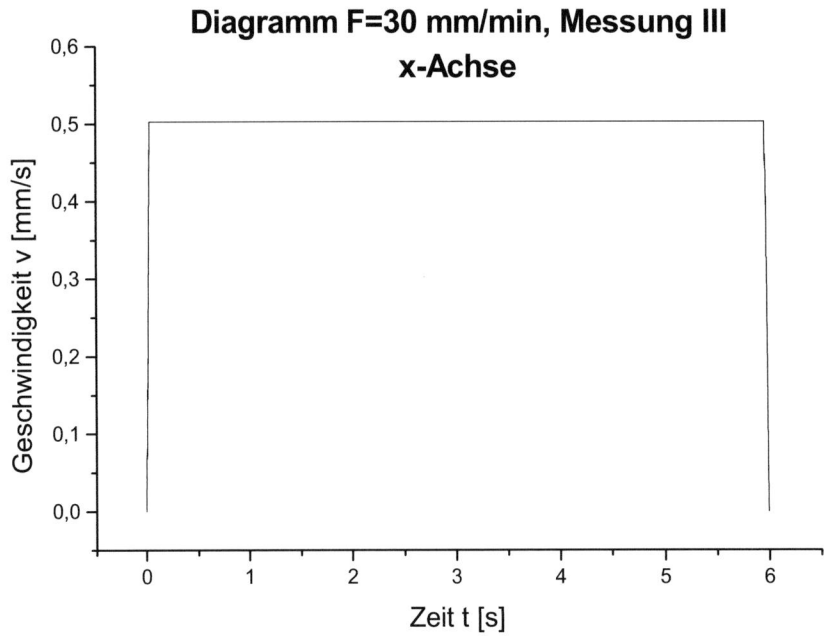

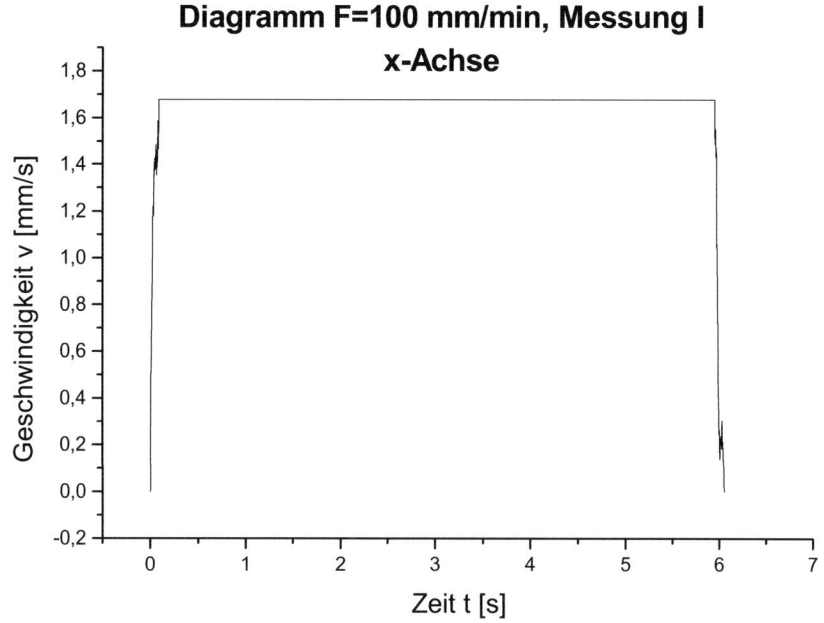

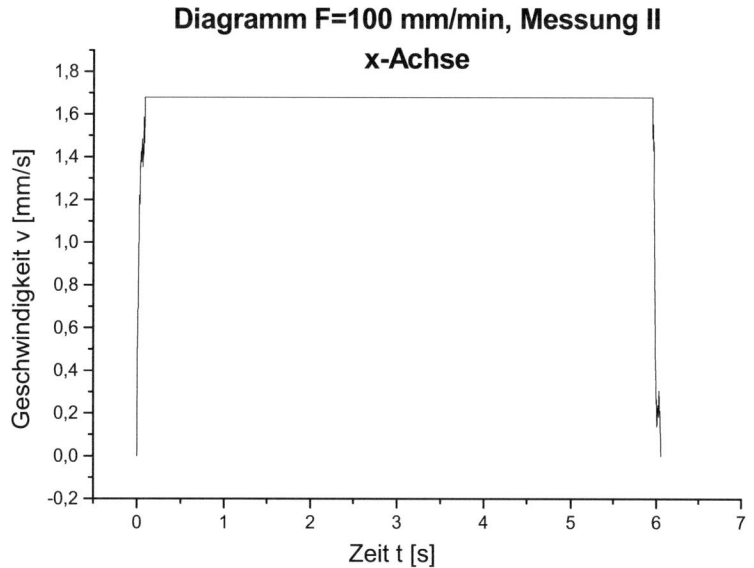

Diagramm F=100 mm/min, Messung III
x-Achse

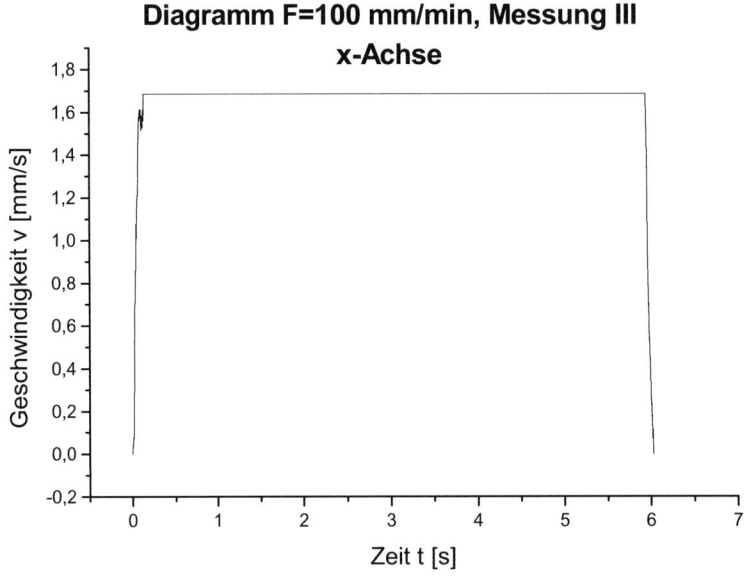

Diagramm F=200 mm/min, Messung I
x-Achse

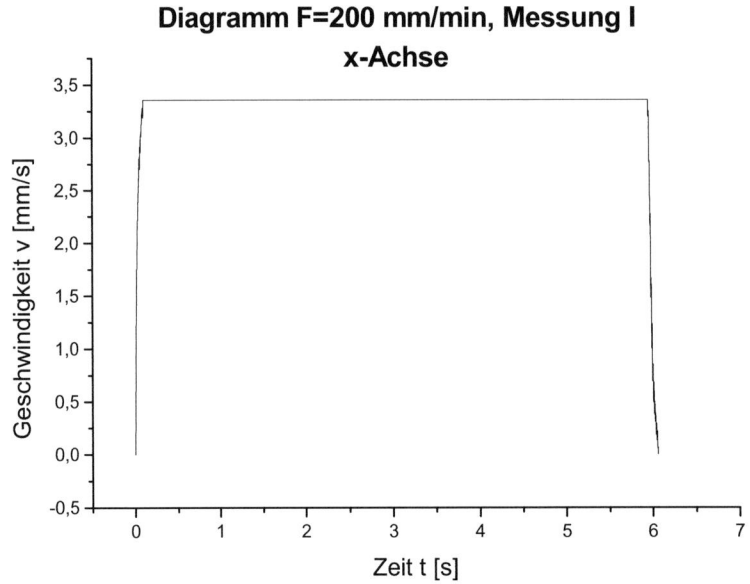

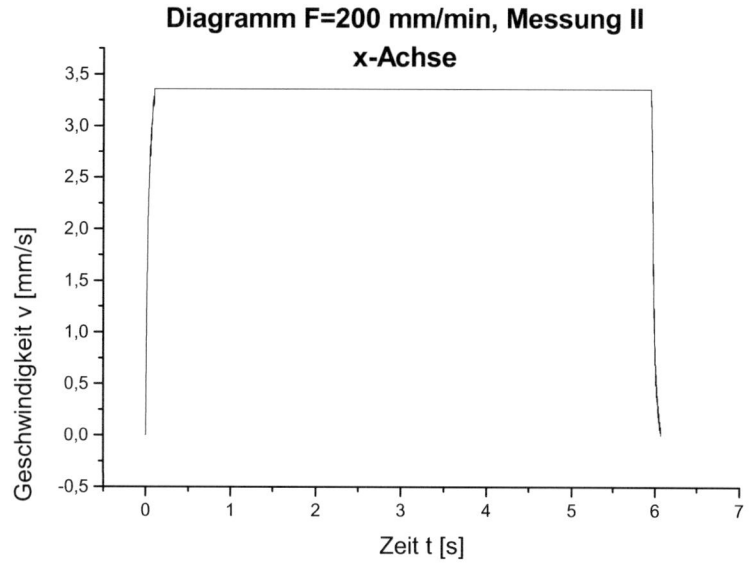

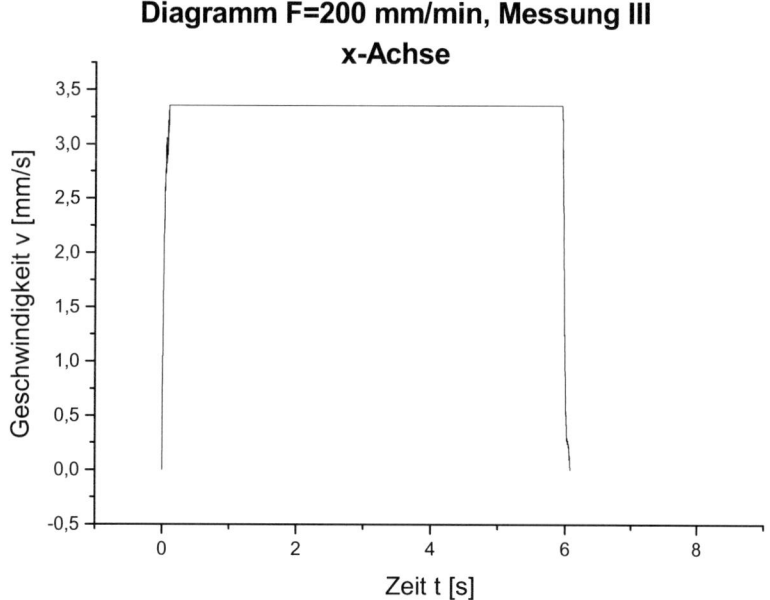

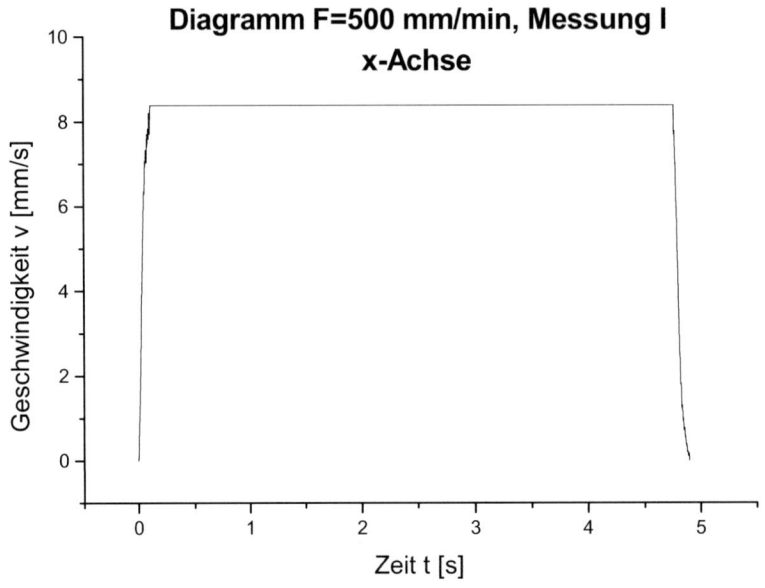

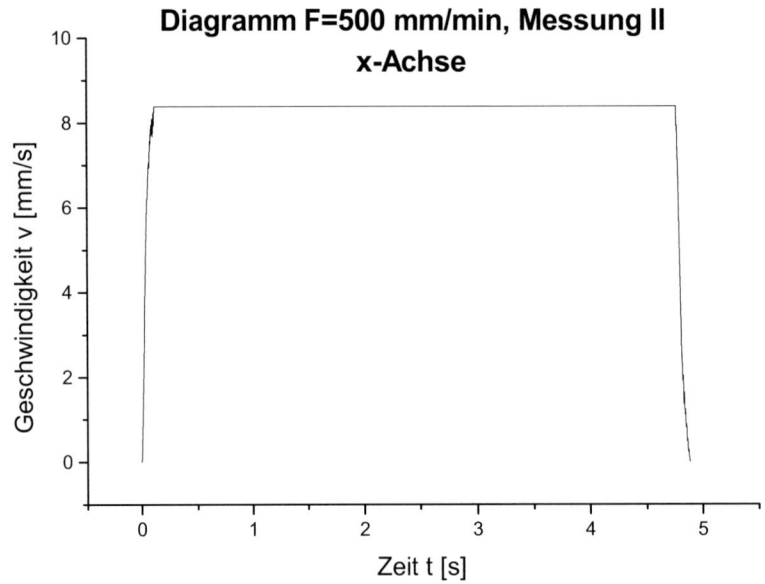

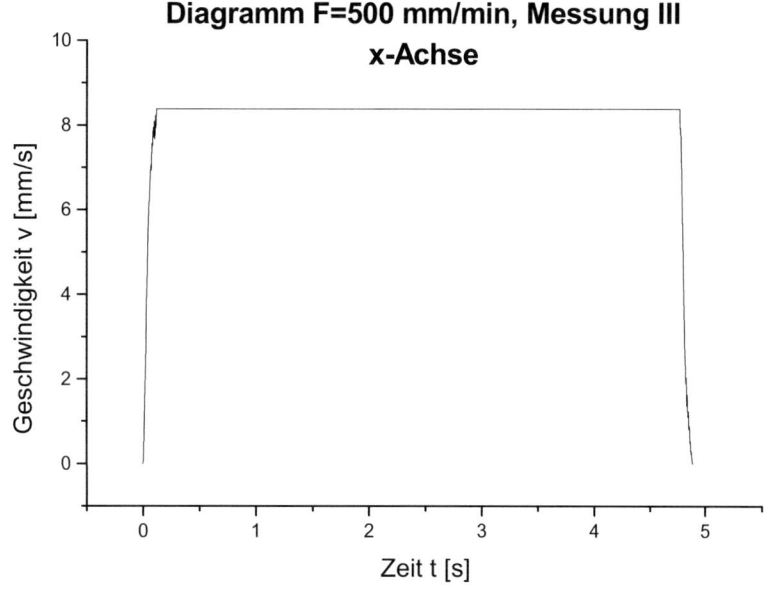

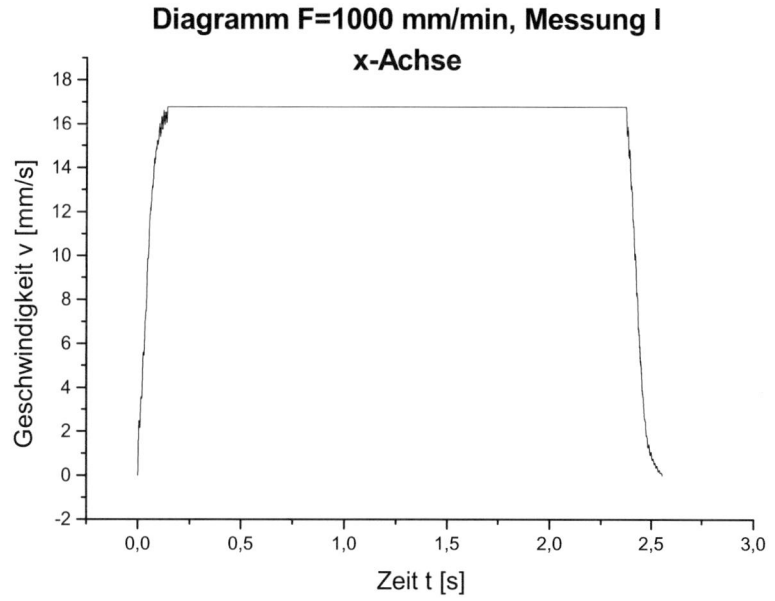

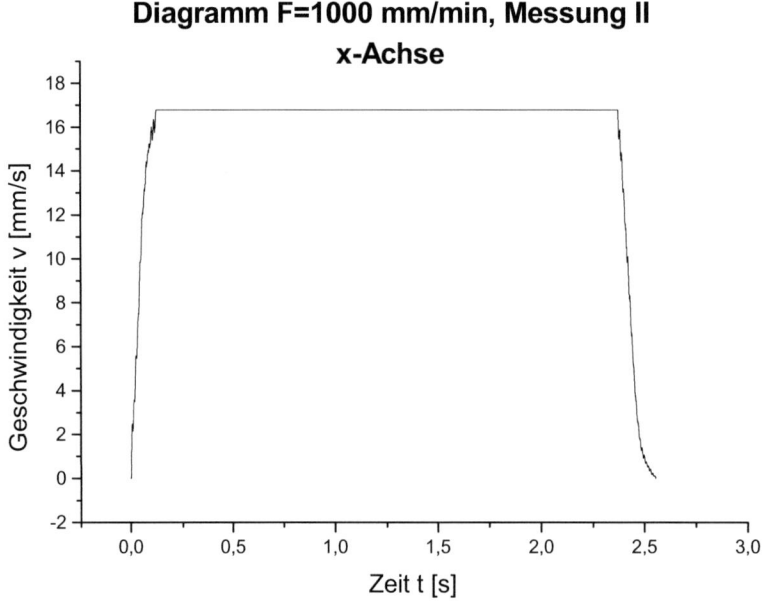

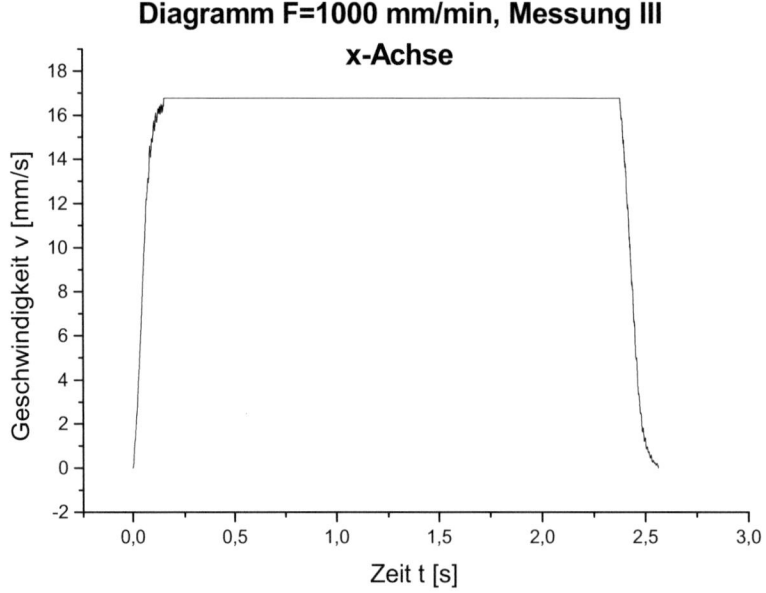

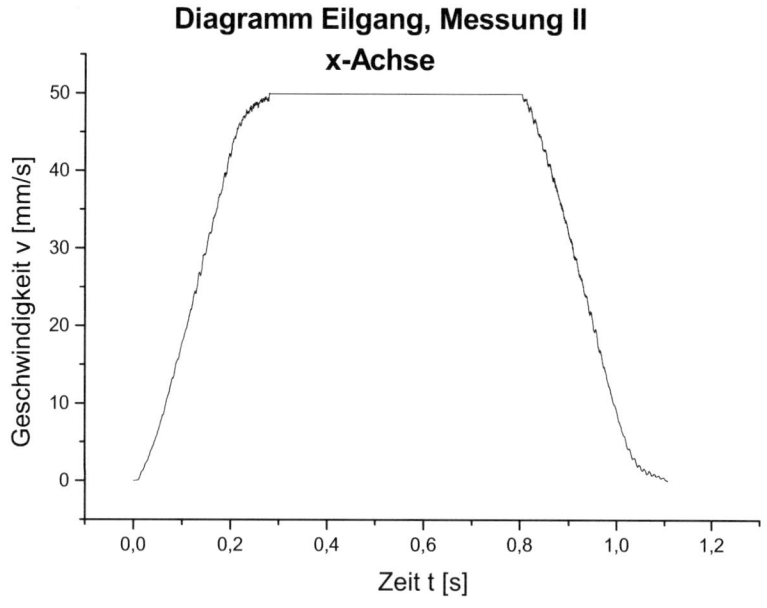

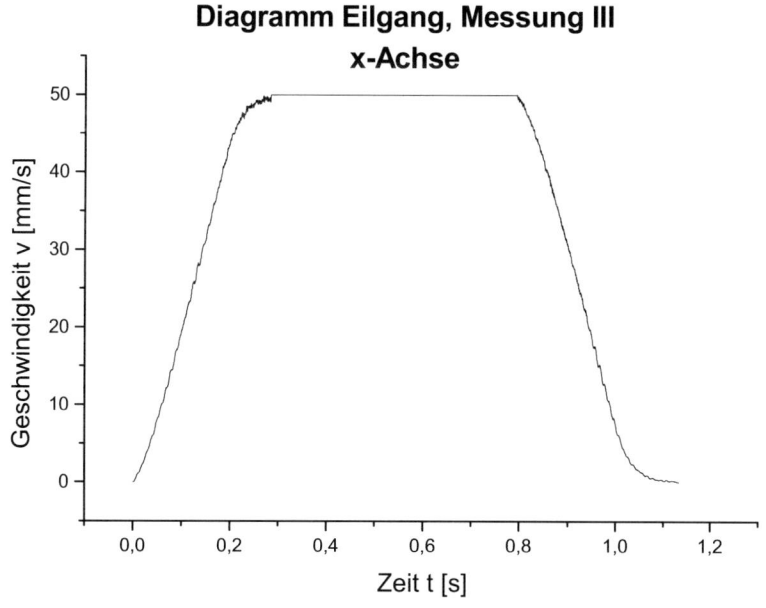

Diagramme Beschleunigungs –und Verzögerungszeiten und –wege, y-Achse

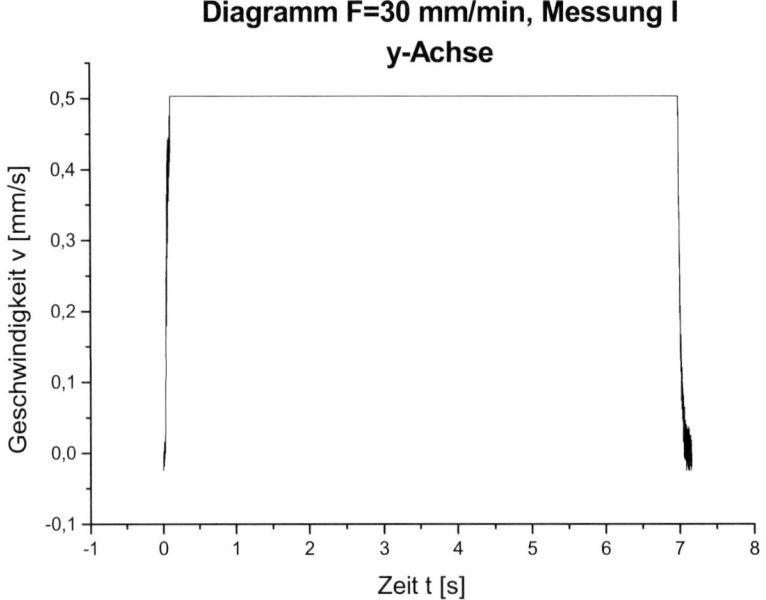

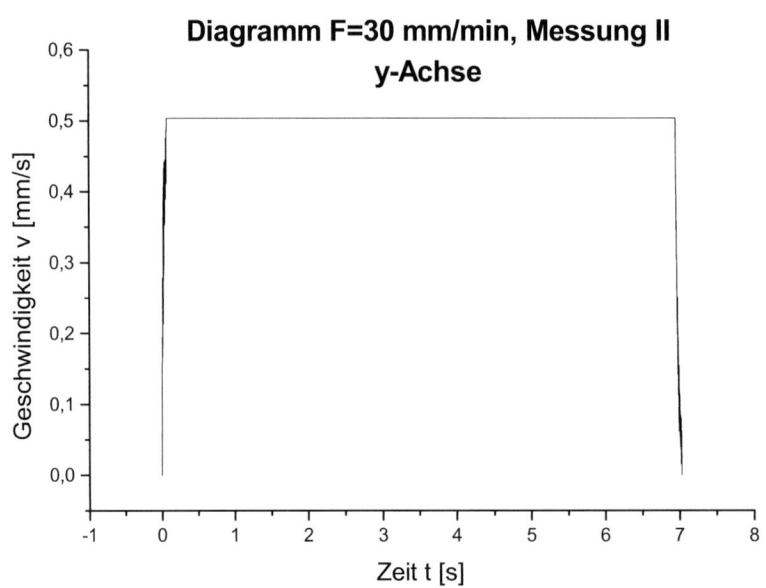

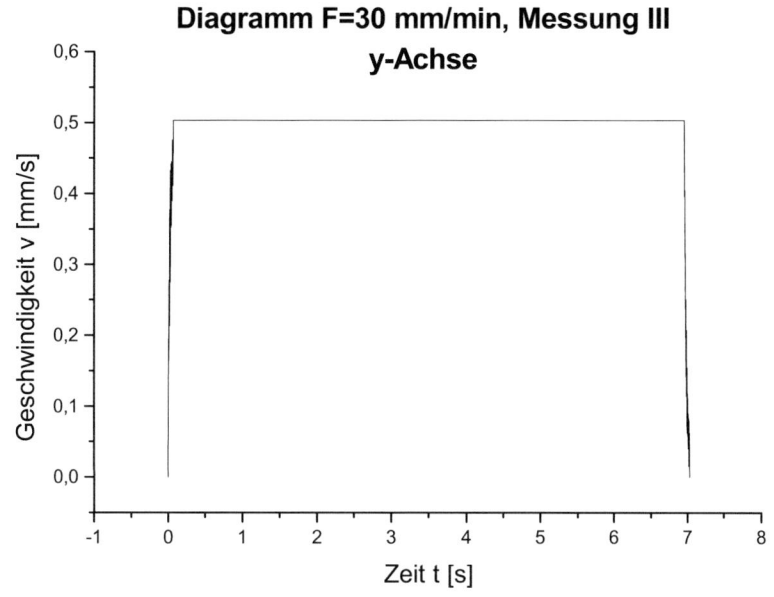

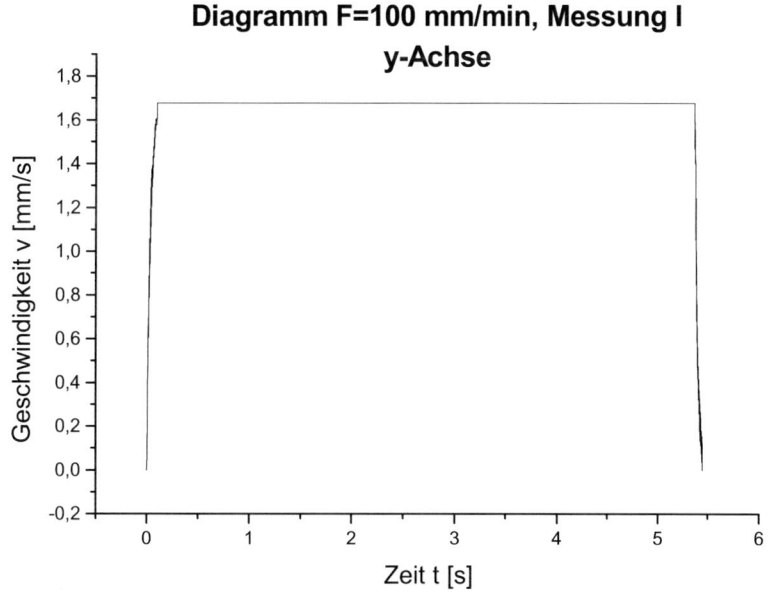

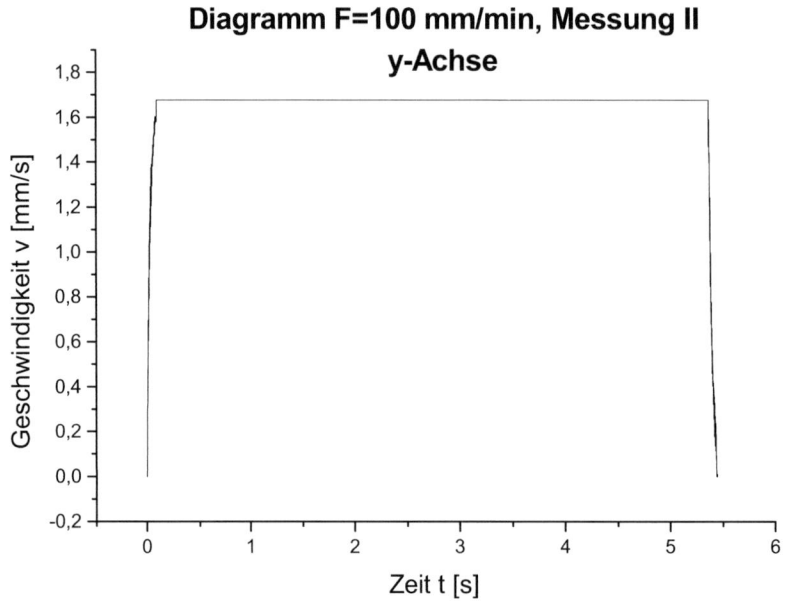

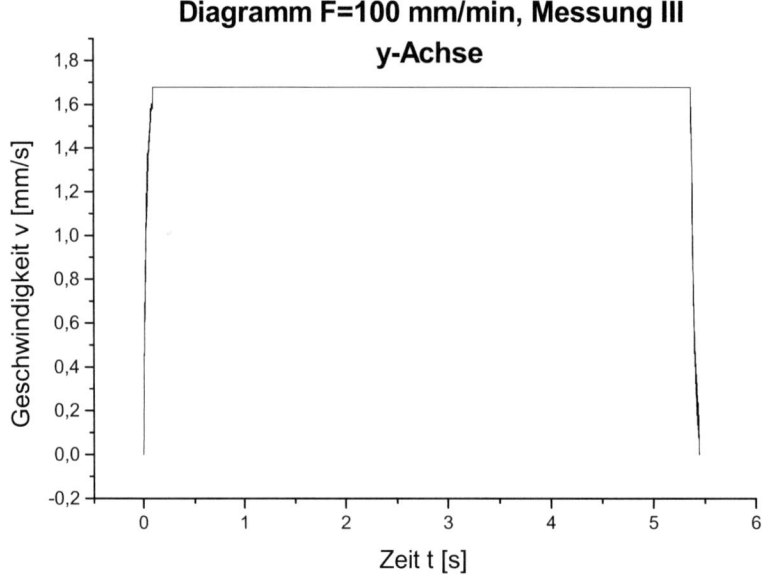

Diagramm F=200 mm/min, Messung I
y-Achse

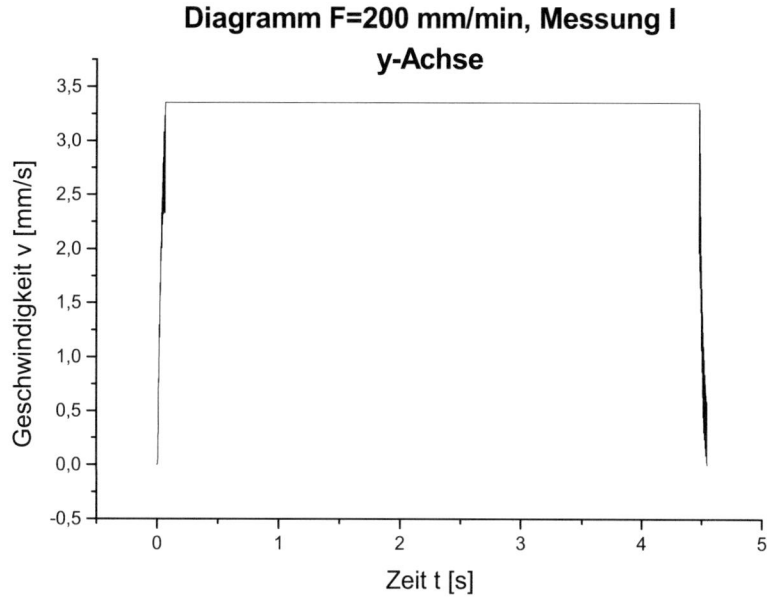

Diagramm F=200 mm/min, Messung II
y-Achse

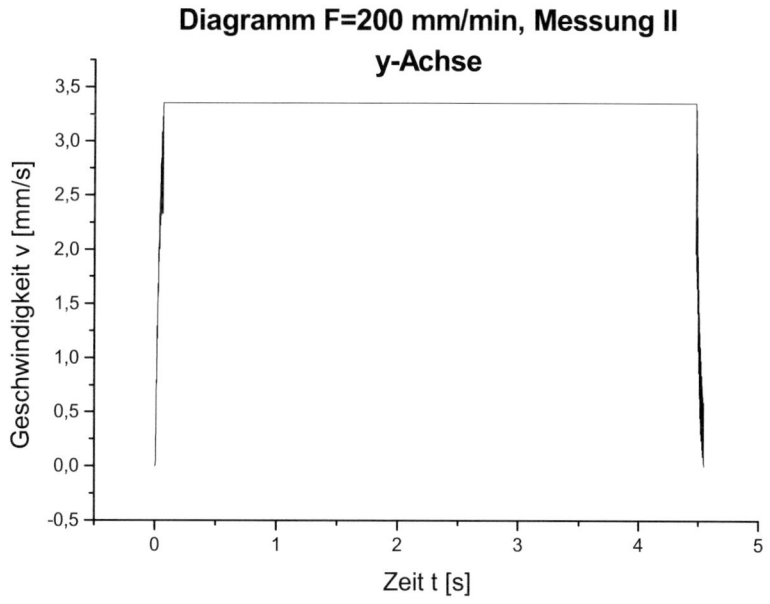

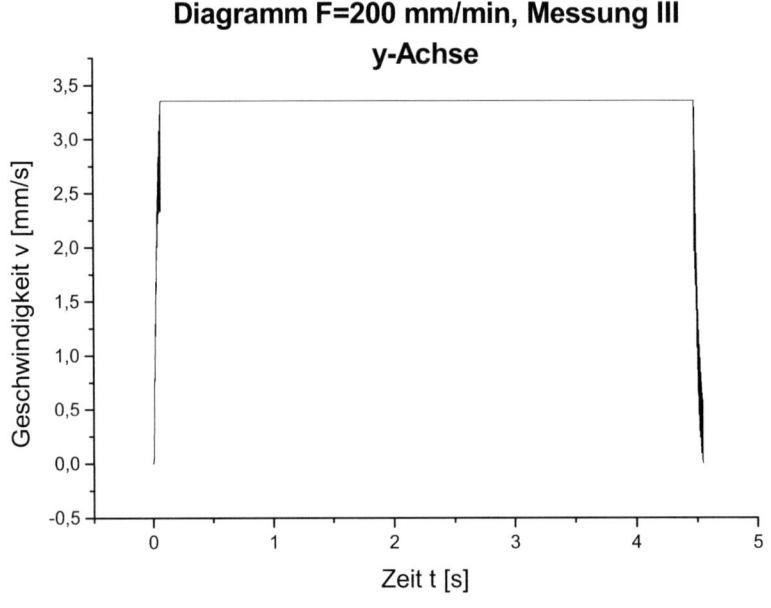

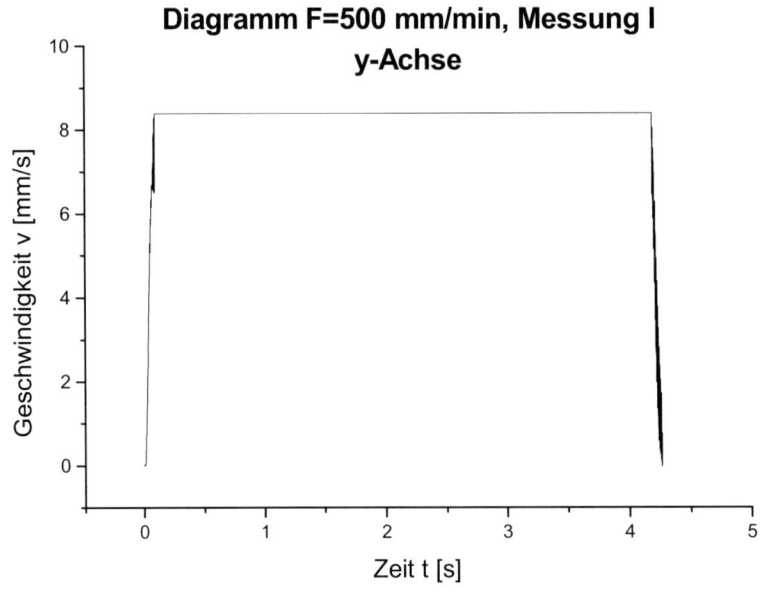

126

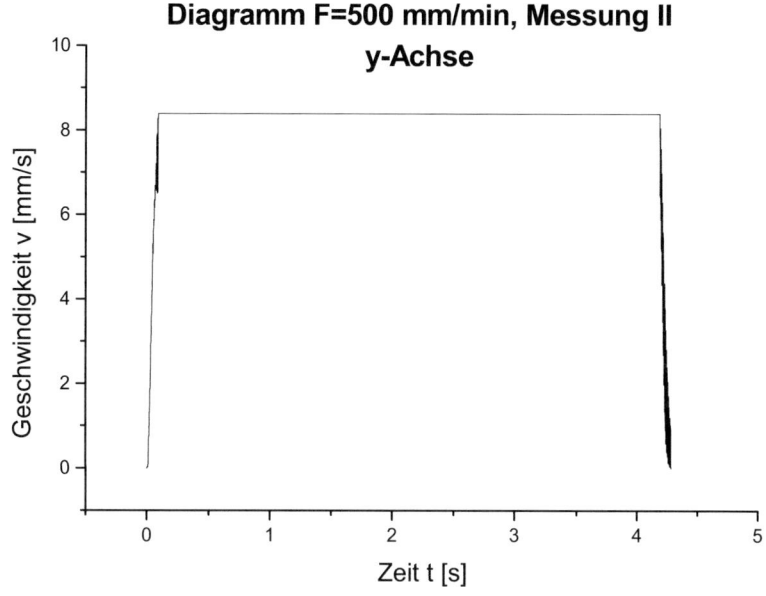

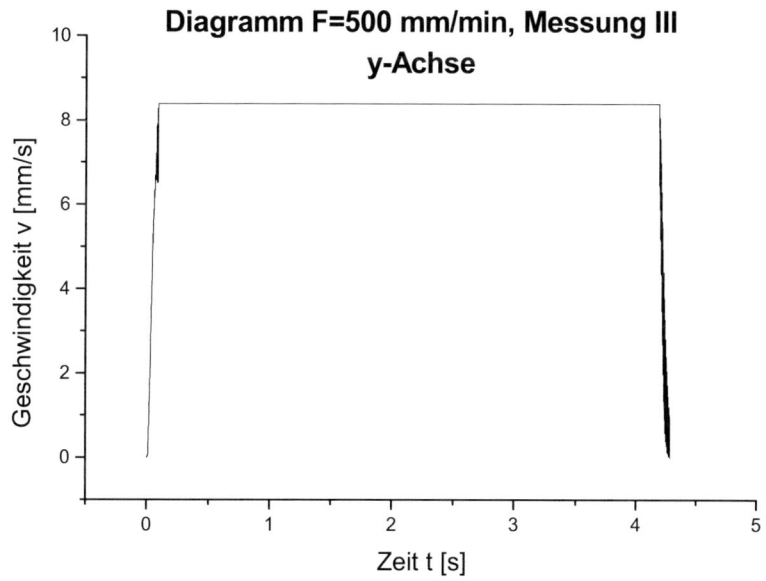

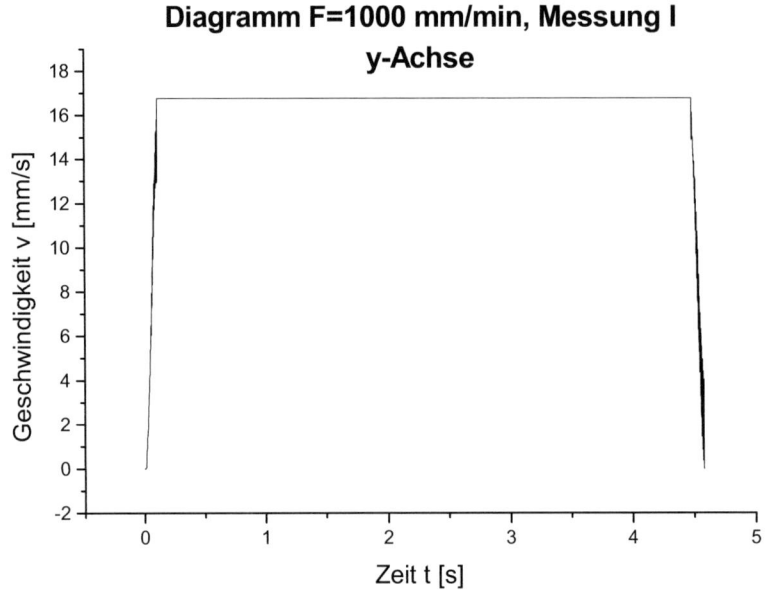

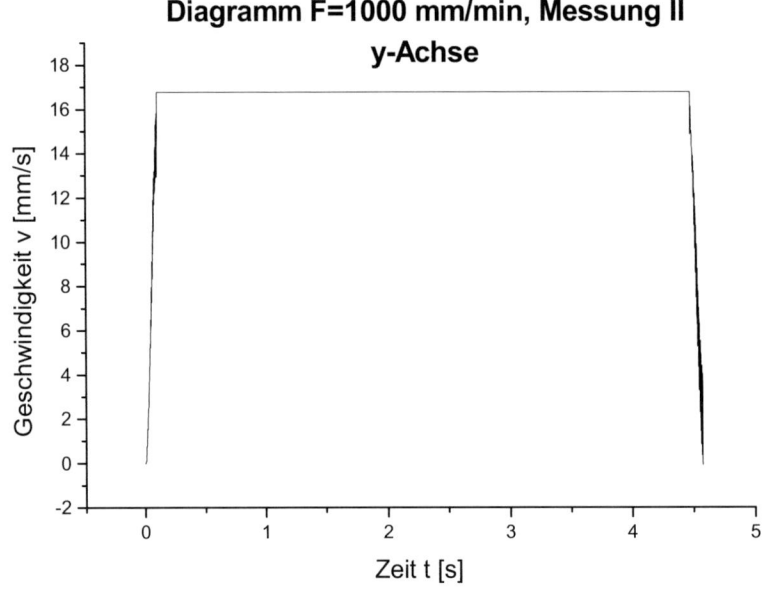

128

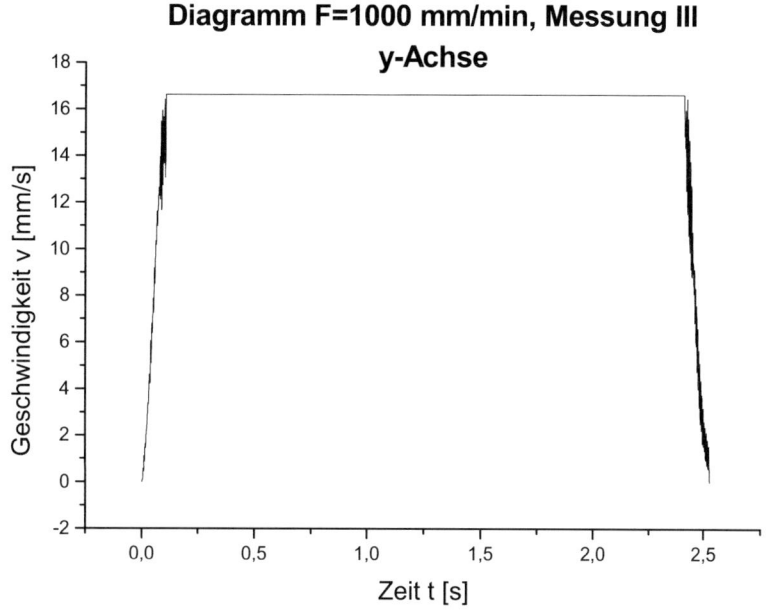

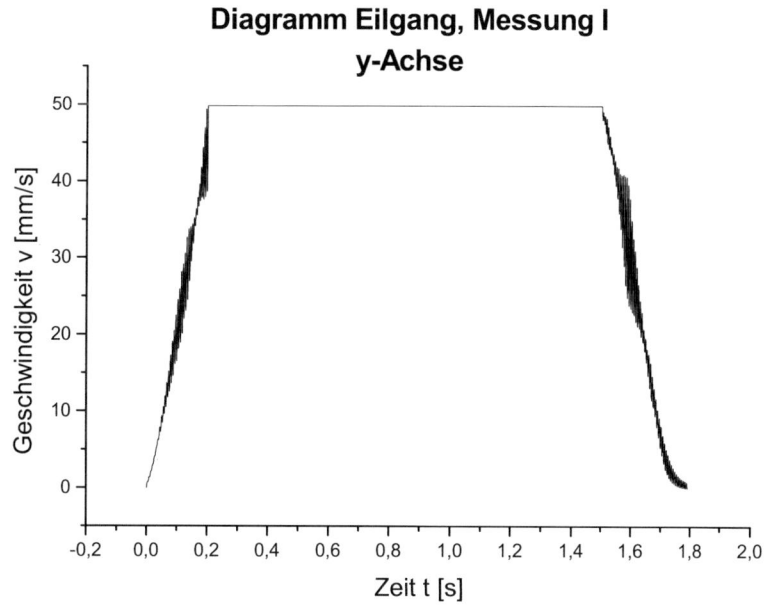

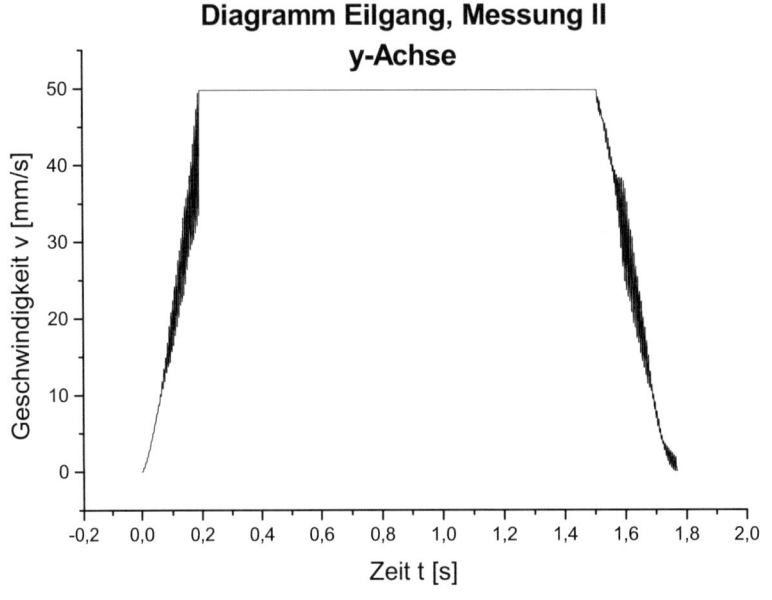

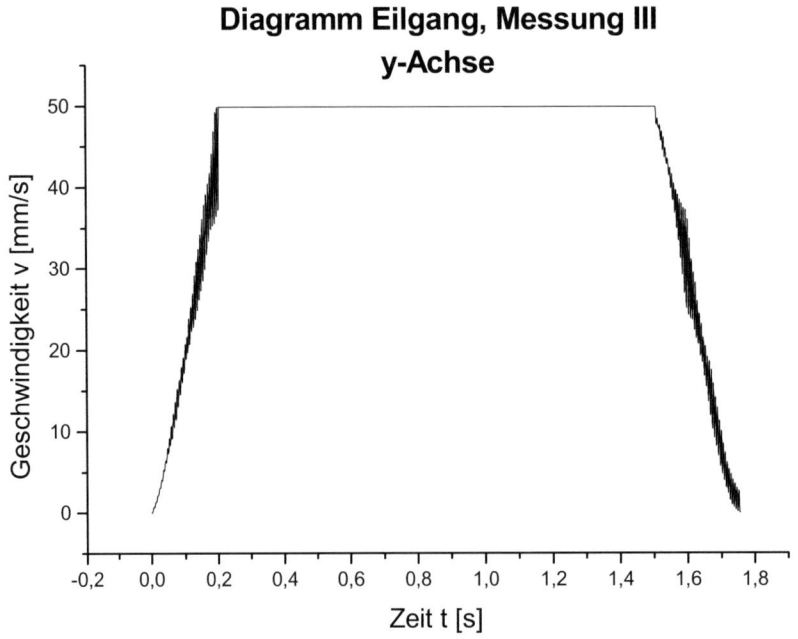

Diagramme Positionierzeit x-Achse

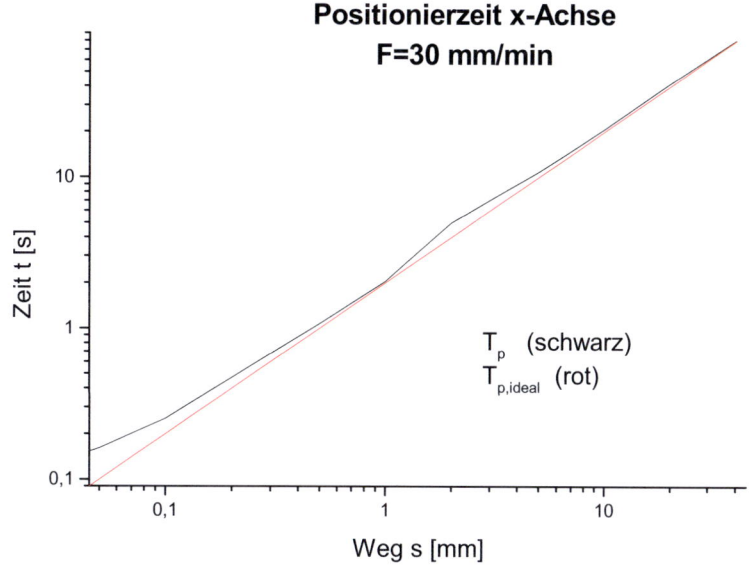

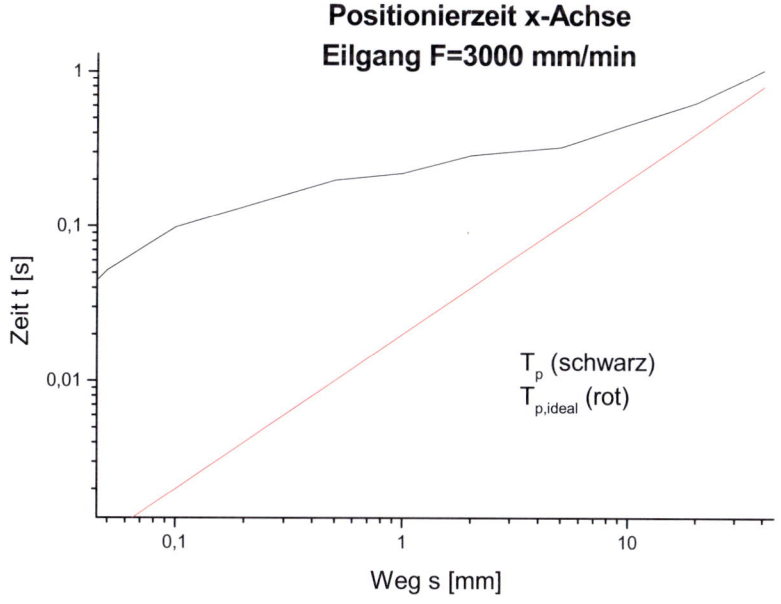

Diagramme Positionierzeit y-Achse

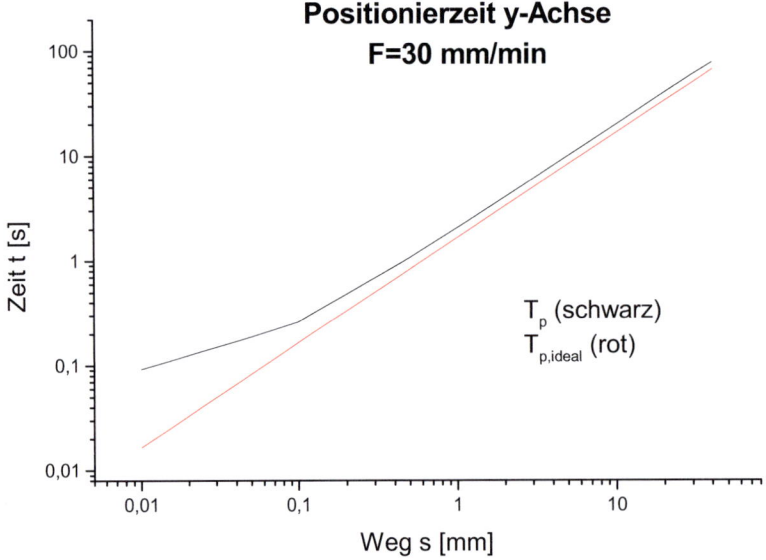

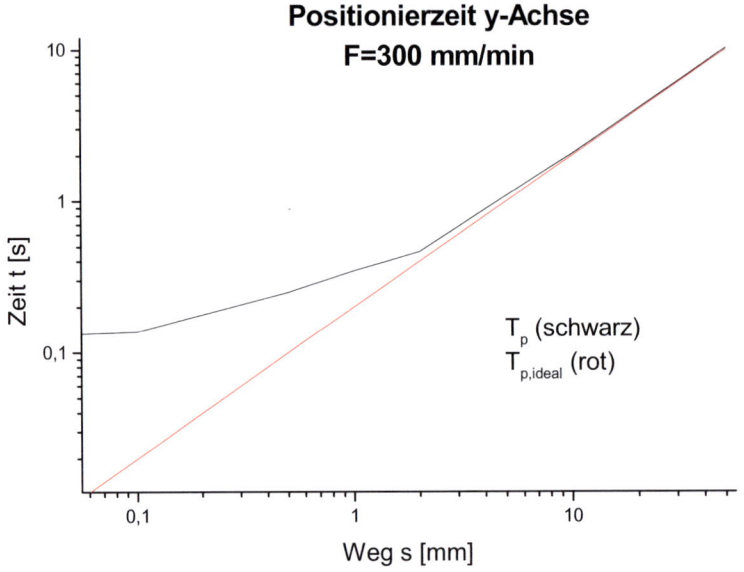

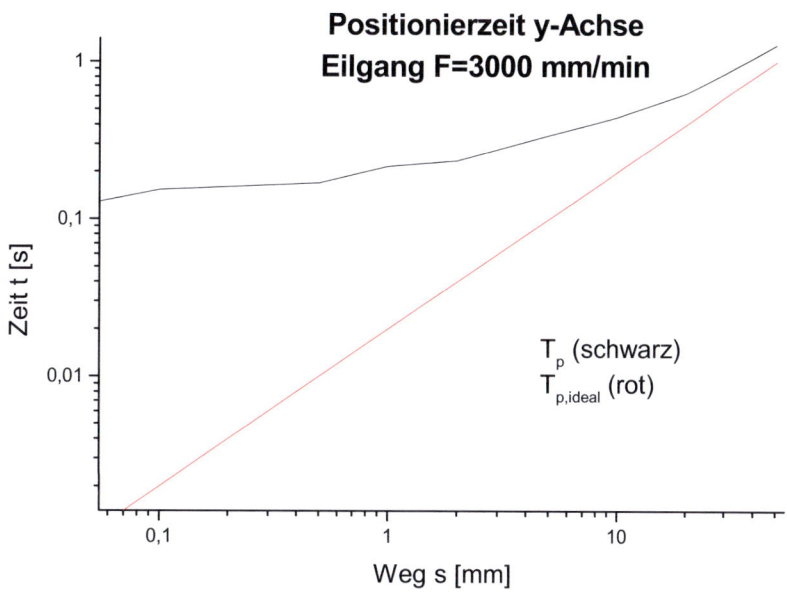

Wertetabelle Schleppabstand x-Achse

v [mm/min]	Δs [μm]	v [mm/min]	Δs [μm]	v [mm/min]	Δs [μm]
-3000	-15006	-120	-602	140	698
-2650	-13252	-100	-500	160	800
-2300	-11502	-80	-403	180	900
-2000	-10008	-70	-345	200	1003
-1650	-8248	-50	-250	220	1102
-1300	-6501	-40	-201	240	1201
-1000	-5002	-30	-148	260	1304
-900	-4503	-20	-99	280	1399
-800	-4000	-10	-50	300	1502
-700	-3496	-5	-24	350	1748
-600	-3000	-2	-10	400	2001
-550	-2749			450	2249
-500	-2500	0	0	500	2499
-450	-2246			550	2753
-400	-1998	2	11	600	3001
-350	-1751	5	25	700	3501
-300	-1502	10	50	800	4002
-280	-1401	20	98	900	4504
-260	-1299	30	151	1000	5001
-240	-1202	40	201	1300	6498
-220	-1100	50	250	1650	8250
-200	-1001	70	348	2000	10012
-180	-900	80	401	2300	11498
-160	-799	100	500	2650	13253
-140	-698	120	602	3000	15007

Ausgelesener Schleppabstand bei verschiedenen Geschwindigkeiten, x-Achse

Wertetabelle Schleppabstand y-Achse

v [mm/min]	Δs [μm]	v [mm/min]	Δs [μm]	v [mm/min]	Δs [μm]
-3000	-15007	-120	-604	140	705
-2650	-13353	-100	-502	160	806
-2300	-11591	-80	-402	180	905
-2000	-10082	-70	-352	200	1004
-1650	-8320	-50	-252	220	1111
-1300	-6551	-40	-201	240	1208
-1000	-5040	-30	-150	260	1312
-900	-4532	-20	-100	280	1413
-800	-4029	-10	-49	300	1510
-700	-3528	-5	-24	350	1763
-600	-3024	-2	-10	400	2017
-550	-2770			450	2268
-500	-2518	0	0	500	2521
-450	-2267			550	2772
-400	-2014	2	10	600	3026
-350	-1763	5	15	700	3530
-300	-1511	10	50	800	4031
-280	-1410	20	101	900	4538
-260	-1309	30	150	1000	5034
-240	-1206	40	202	1300	6551
-220	-1108	50	251	1650	8371
-200	-1006	70	352	2000	10073
-180	-903	80	404	2300	11593
-160	-805	100	503	2650	13363
-140	-703	120	603	3000	15004

Ausgelesener Schleppabstand bei verschiedenen Geschwindigkeiten, y-Achse

Messschriebe des dynamischen Kreisformtests

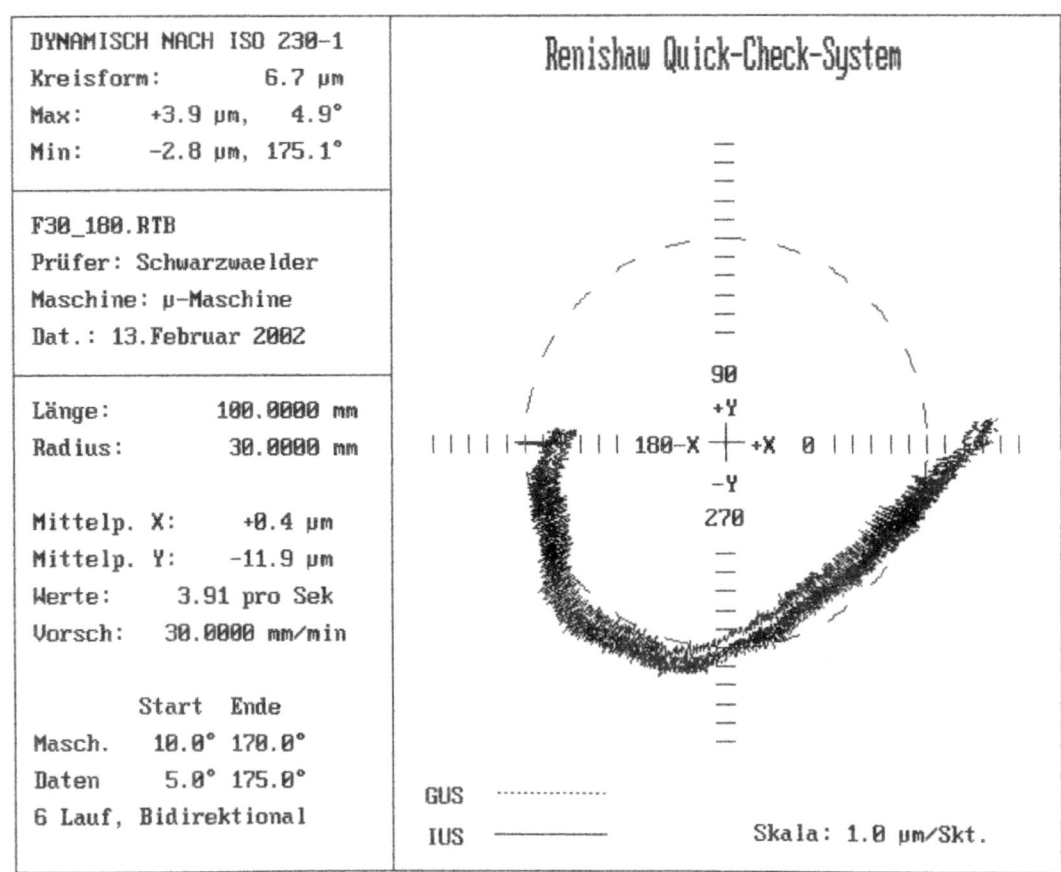

Kreisformabweichung nach DIN ISO 230-1, F=30 mm/min

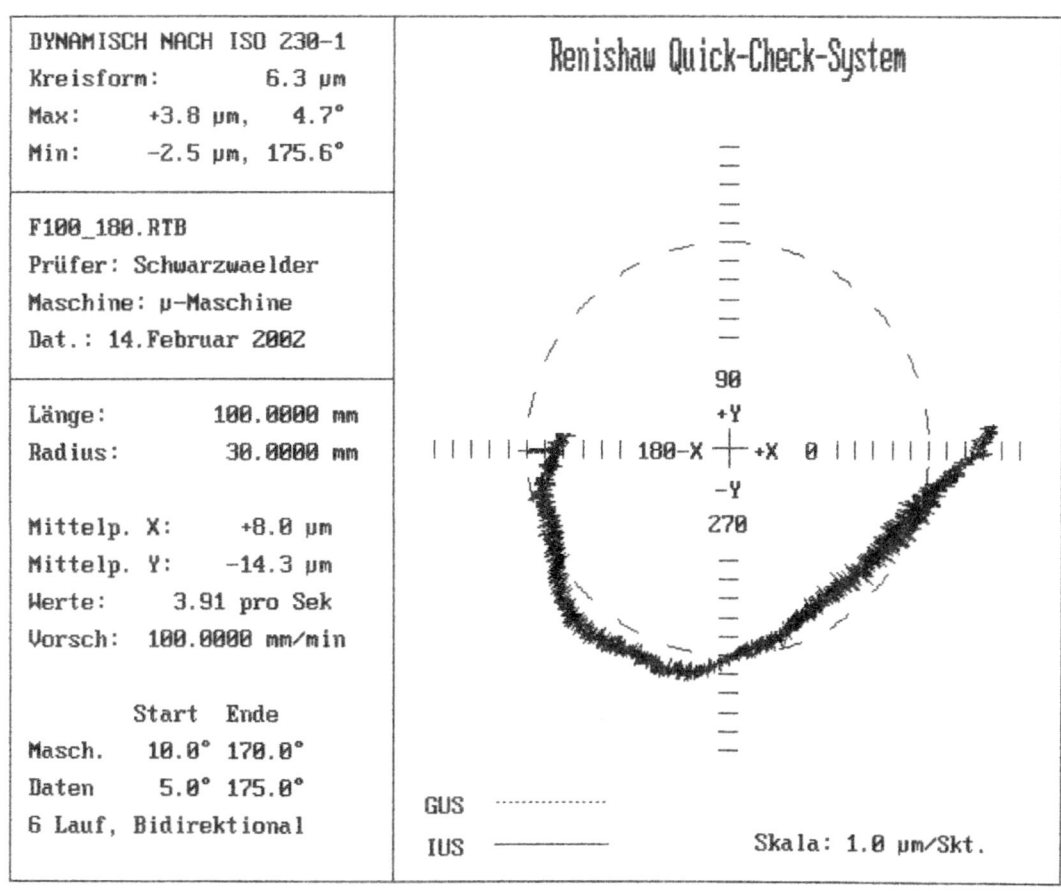

Kreisformabweichung nach DIN ISO 230-1, F=100 mm/min

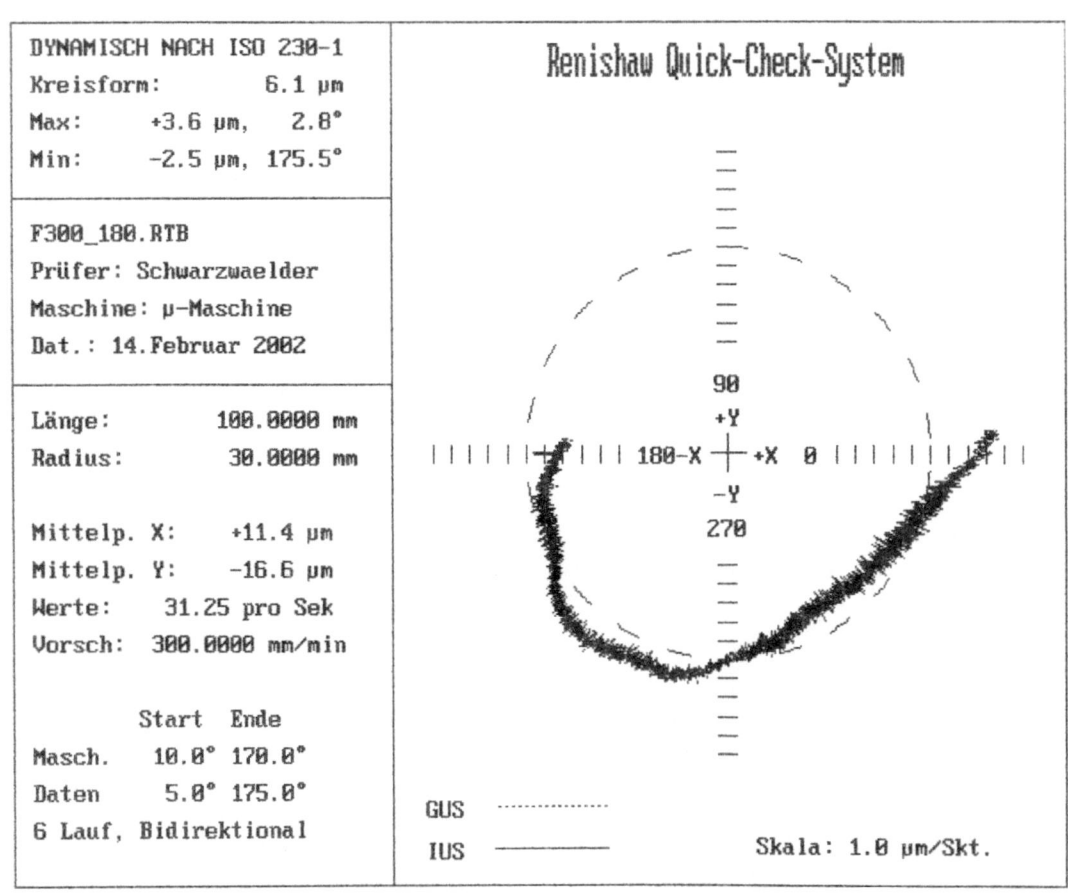

Kreisformabweichung nach DIN ISO 230-1, F=300 mm/min

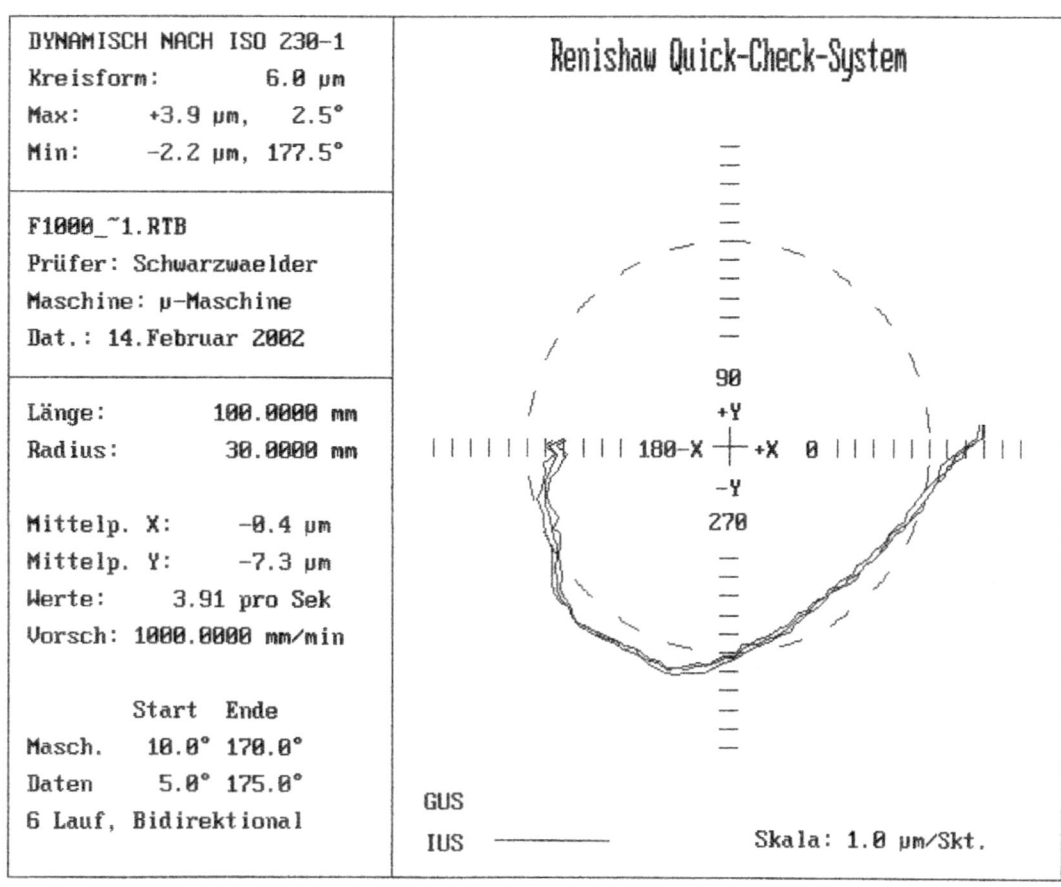

Kreisformabweichung nach DIN ISO 230-1, F=1000 mm/min

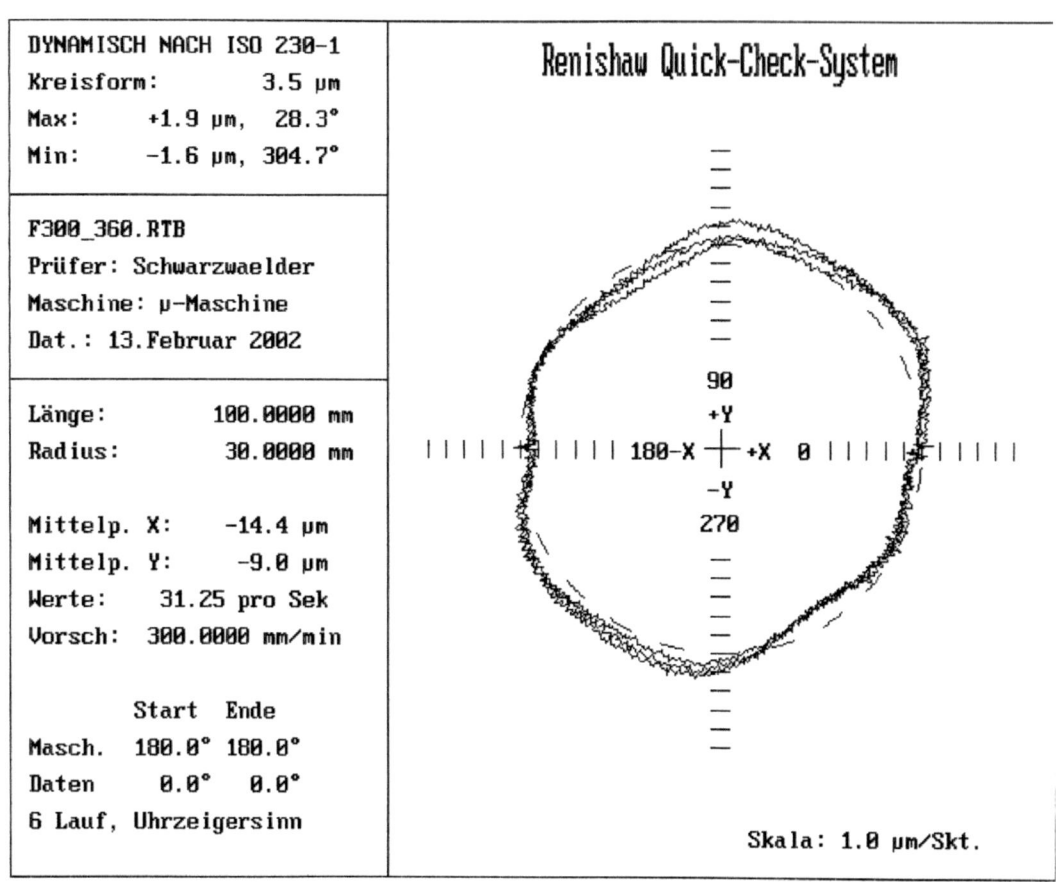

DYNAMISCH NACH ISO 230-1

Kreisform:	3.5 µm	
Max:	+1.9 µm,	28.3°
Min:	-1.6 µm,	304.7°

F300_360.RTB
Prüfer: Schwarzwaelder
Maschine: µ-Maschine
Dat.: 13.Februar 2002

Länge:	100.0000 mm
Radius:	30.0000 mm
Mittelp. X:	-14.4 µm
Mittelp. Y:	-9.0 µm
Werte:	31.25 pro Sek
Vorsch:	300.0000 mm/min

	Start	Ende
Masch.	180.0°	180.0°
Daten	0.0°	0.0°

6 Lauf, Uhrzeigersinn

Renishaw Quick-Check-System

Skala: 1.0 µm/Skt.

Kreisformabweichung nach DIN ISO 230-1, F=300 mm/min, 360°-Datenerfassung

140

A.3 CNC-Programme

Programm zur Bestimmung der Vorschubkonstanz sowie zur Ermittlung von Beschleunigungs- und Verzögerungszeiten und –wege

N00 G90	Absolutbemaßung
N10 G54 X0 Y0 Z0	Nullpunktssetzung auf aktuelle Position
N20 M03 S200	Spindelstart im Uhrzeigersinn mit 200 Umdrehungen pro Minute → Startsignal für Triggerbox (Zeit läuft ab t = 0s an Renishaw-Laserinterferometer), Messwertaufnahme: Weg über Zeit → s(t)-Diagramm beginnt
N30 G01 Fxyz Xxyz Yxyz	Vorgabe der Vorschubgeschwindigkeit, mit der entlang einer angewählten Achse ein bestimmter Punkt angefahren werden soll
N40 M05	Spindelhalt → Stoppsignal für Triggerbox, Messwertaufnahme mit Renishaw ist beendet
N50 G00 X0Y0Z0	Rückführen auf Ausgangsposition (bereit für neue Messung ab 0/0/0)
N60 M02	Programmende

Programm zur Bestimmung der Positionierzeit

N00 G90	Absolutbemaßung
N10 G54 X0 Y0 Z0	Nullpunktssetzung auf aktuelle Position
N20 M03 S200	Spindelstart im Uhrzeigersinn mit 200 Umdrehungen pro Minute → Startsignal für Triggerbox (Zeit läuft ab t = 0s an Renishaw-Laserinterferometer), Messwertaufnahme: Weg über Zeit → s(t)-Diagramm beginnt
N30 G01 Fxyz Xxyz Yxyz	Vorgabe der Vorschubgeschwindigkeit, mit der entlang einer angewählten Achse ein bestimmter Punkt angefahren werden soll → Verfahren des ersten Weginkrementes mit Fxyz
N40 G04 F1.5	Verweilzeit in angefahrenem Punkt für 1.5 Sekunden
N50 G01 Xxyz Yxyz	Anfahren des nächsten Punktes, respektive Verfahren der nächsten Weginkrementes mit gleicher Vorschubsgeschwindigkeit
N60 G04 F1.5	Verweilzeit in angefahrenem Punkt für 1.5 Sekunden
[...]	Verfahren der weiteren Weginkremente für den gewählten Vorschub
N70 M05	Spindelhalt → Stoppsignal für Triggerbox, Messwertaufnahme mit Renishaw ist beendet
N80 G00 X0Y0Z0	Rückführen auf Ausgangsposition (bereit für neue Messung ab 0/0/0)
N90 M02	Programmende

Programm zum Auslesen des Schleppabstandes bei verschiedenen Geschwindigkeiten

N00 G90	Absolutbemaßung
N10 G54 X0 Y0 Z0	Nullpunktssetzung auf aktuelle Position
N30 G01 Fxyz Xxyz Yxyz	Vorgabe der Vorschubgeschwindigkeit, mit der entlang einer angewählten Achse ein bestimmter Punkt angefahren werden soll
N40 G01 Fxyz Xxyz Yxyz	Vorgabe der Vorschubgeschwindigkeit, mit der entlang einer angewählten Achse ein bestimmter Punkt angefahren werden soll
[…]	Wiederholen der vorhergegangenen Programmschritte N30 und N40 unter fortlaufender Variation der Vorschübe
N50 G00 X0Y0Z0	Rückführen auf Ausgangsposition (bereit für neue Messung ab 0/0/0)
N60 M02	Programmende

Dynamischer Kreisformtest nach DIN ISO 230-1

Verfahren eines 180°-Bogens im Uhrzeigersinn sowie entgegen dem Uhrzeigersinn mit Radius R = 30 mm

Die Justierung des Kreisformtesters ist in dieses Programm nicht involviert.

N00 G54 X0Y0Z0	Nullpunktsverschiebung (Festlegen des Mittelpunktes 0/0/0 der abzufahrenden Kreisbahn)
N10 G90	Absolutbemaßung
N20 M05	Spindel Halt
N30 G00 Z30	Anfahren von Z30 im Eilgang
N40 G00 X-28.067 Y-4.949	Anfahren des Startpunktes in XY im Eilgang
N50 G01 F200 Z0	Absenken auf Z0 mit Vorschub 200 mm/min
N60 G17	Ebenenauswahl XY
N70 M00	Programmierter Halt (Stopp)
N80 G01 F100 X-29.544 Y-5.209	Eintriggern um 1.5 mm mit Vorschub 100 mm/min
N90 G02 Fxyz X+29.544 Y-5.209 I0 J0	Abfahren des 200°-Bogens im Uhrzeigersinn mit Vorschub xyz mm/min
N100 G01 F100 X+28.067 Y-4.949	Austriggern um 1,5 mm mit Vorschub 100 mm/min
N110 M00	Programmierter Halt (Stopp)
N120 G01 F100 X+29.544 Y-5.209	Eintriggern um 1.5 mm mit Vorschub 100 mm/min
N130 G03 Fxyz X-29.544 Y-5.209 I0 J0	Abfahren des 200°-Bogens entgegen dem Uhrzeigersinn mit Vorschub xyz mm/min

N140 G01 F100 X-28.067 Y-4.949   Austriggern um 1.5 mm mit Vorschub
                                        100 mm/min

N150 M02   Programmende

Dynamischer Kreisformtest nach DIN ISO 230-1

Verfahren eines 360°-Bogens im Uhrzeigersinn sowie entgegen dem Uhrzeigersinn mit Radius R = 30 mm

Die Justierung des Kreisformtesters ist in dieses Programm nicht involviert.

N00 G54 X0Y0Z0	Nullpunktsverschiebung (Festlegen des Mittelpunktes 0/0/0 der abzufahrenden Kreisbahn)
N10 G90	Absolutbemaßung
N20 M05	Spindel Halt
N30 G01 F100 X+28.5 Y0	Anfahren des Startpunktes in XY mit Vorschub 100 mm /min
N40 G17	Ebenenauswahl XY
N50 M00	Programmierter Halt (Stopp)
N60 G01 F100 X+30 Y0	Eintriggern (Messstart) um 1.5 mm mit Vorschub 100 mm/min
N70 G02 X-30Y0 I0 J0	180° Einlaufbogen im Uhrzeigersinn
N80 G02 X-30Y0 I0 J0	360° Messkreis im Uhrzeigersinn (Messwertaufnahme)
N90 G02 X+30Y0 I0 J0	180° Auslaufbogen im Uhrzeigersinn
N100 G01 F100 X+28.5 Y0	Austriggern (Messende) um 1.5 mm mit Vorschub 100 mm/min auf Startpunkt
N110 M00	Programmierter Halt (Stopp)
N120 G01 F100 X+30 Y0	Eintriggern (Messstart) um 1.5 mm mit Vorschub 100 mm/min
N130 G03 X-30 Y0 I0 J0	180° Einlaufbogen im Gegenuhrzeigersinn

N140 G03 X-30 Y0 I0 J0	360° Messkreis im Gegenuhrzeigersinn (Messwertaufnahme)
N150 G03 X+30 Y0 I0 J0	180° Auslaufbogen im Gegenuhrzeigersinn
N160 G01 F100 X+28.5 Y0	Austriggern (Messende) um 1.5 mm mit Vorschub 100 mm/min auf Startpunkt
N170 M02	Programmende